会社のパソコン仕事術
マナー＆最新常識100

AYURA

Bunko!
今すぐ使える かんたん文庫

技術評論社

はじめに

ビジネスの世界では、社内での上下関係に加え、取引先や顧客など、さまざまな人々と接する機会がある。これらの人々とよりよい関係を築き、効率的に仕事を進めるためには、マナーや常識を身に付けておくことが必要である。初対面のあいさつひとつでも好印象を与えるものだ。書類でも然り。書き出しはどうしたらよいのだろう？ 敬称は何を付けるのか？——迷ったことはないだろうか。あるいは、お願いのメールを出すとき、初めての相手にメールを出すときの文面に悩んだことはないだろうか。

本書では、業務に必要な書類の作成や取引先とのメール、セキュリティなど、ビジネスシーンに欠かせないパソコンを使う際のマナーと最新常識を解説している。

まず第1章では、パソコンを使って効率的に仕事を進めるためのマナーと常識を解説している。第2章ではビジネスメールの書き方について、第3章ではワードやエクセルでのビジネス文書の作成について、知っておくべきことを解説している。

また第4章ではクラウドサービスを便利に使うための注意点を解説し、第5章ではセキュリティに関して、必ず押さえておきたい知識を解説している。

さらに付録では、ビジネスシーンで頻繁に使うあいさつ文とビジネスメールのフレーズを紹介している。

いずれも、実際の業務に役立つ事柄をピックアップしているので、スムーズに理解してもらえるだろう。本書が、新しく社会人になる人はもちろん、すでに社会で活躍している人にも活用していただければ幸いである。

2018年1月　AYURA

Contents 目次

第1章

パソコン編

パソコン管理とファイル整理のマナー&最新常識

第2章

メールを使うときのマナー&最新常識 51

メール編

第3章

文書編

ビジネス文書を作るときのマナー&最新常識

第4章

クラウド編

クラウドサービスを使うときのマナー&最新常識

第5章

セキュリティ編

セキュリティのマナー&最新常識

第1章

パソコン編

パソコン管理とファイル整理のマナー&最新常識

パソコン

001

デスクトップはきちんと整理して使う

自分が使うデスクはいつもきれいにしておきたい。デスクの上が散らかっていると、仕事の効率が悪いし、印象もよくない。パソコンも同様だ。デスクトップにたくさんのショートカットアイコンやファイルアイコンが置いてあると、目的のアプリやファイルを探すのに手間がかかるし、見た目も美しくない。

そこで、デスクトップに置くのは、**必要最小限のショートカットアイコンと、ファイルだけ**にする。不要になったファイルは適宜削除して、デスクトップを常に整理しておこう。

また、デスクトップ上のアイコンが散らばってしまった場合は、デスクトップを右クリックして、「表示」から「**アイコンの自動整列**」をクリックしよう。アイコンを自動的に整列することができる。

さらに整理整頓したい場合は、デスクトップを右クリックして、「**並べ替え**」から、名前や項目の種類、更新日時などで並べ替えることができる。

ここがポイント! アイコンを整理整頓する

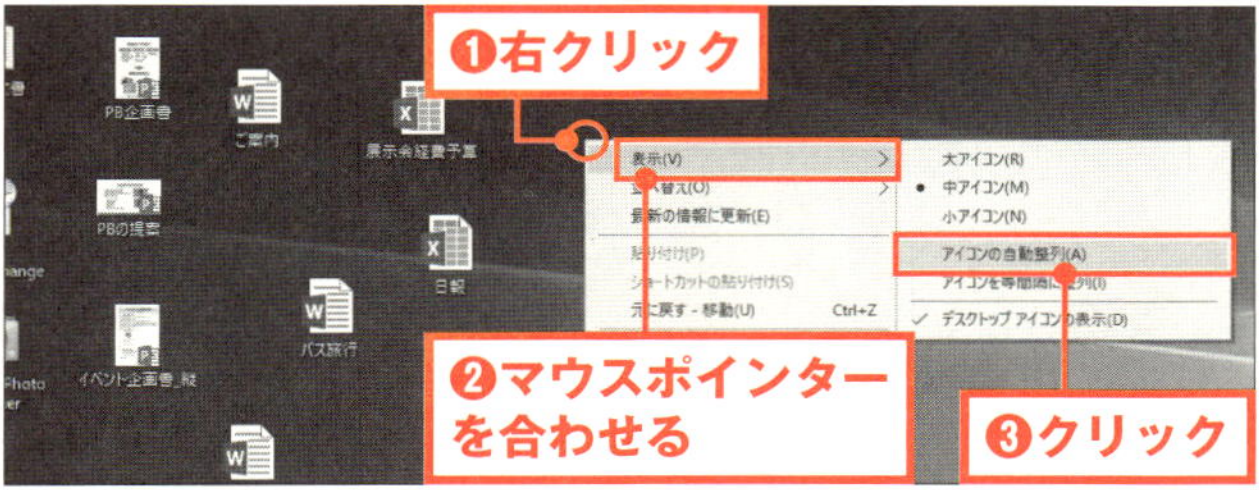

1 デスクトップ上の何もないところを右クリックして❶、「表示」にマウスポインターを合わせ❷、「アイコンの自動整列」をクリックする❸。

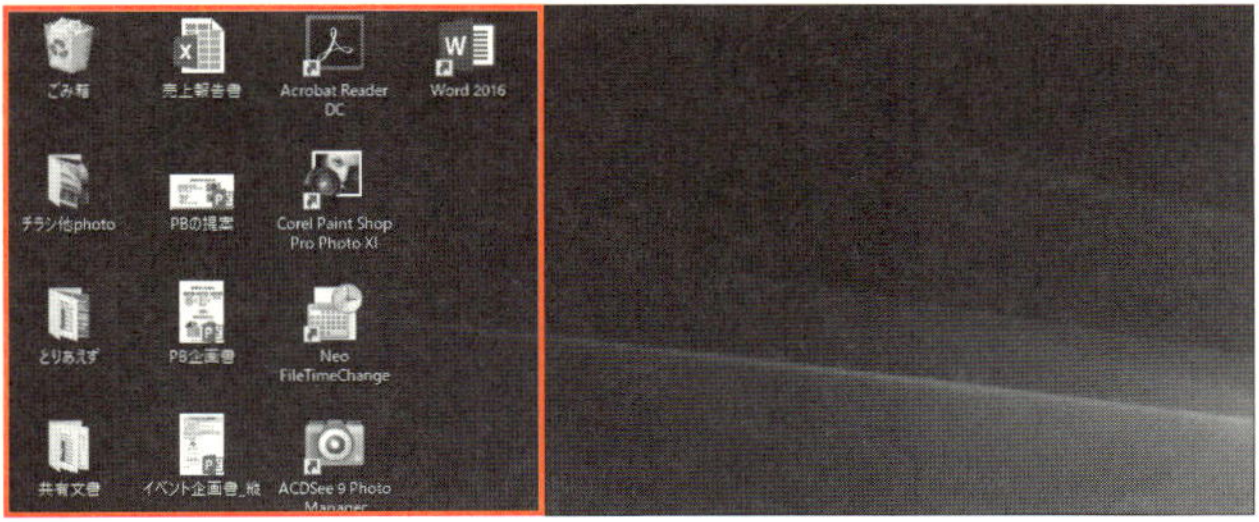

2 アイコンが自動的に整列される。

★One Point !★

右クリックで表示される「並べ替え」からは、ファイルやアイコンの名前、サイズ、項目の種類、更新日時などで並べ替えることができる。

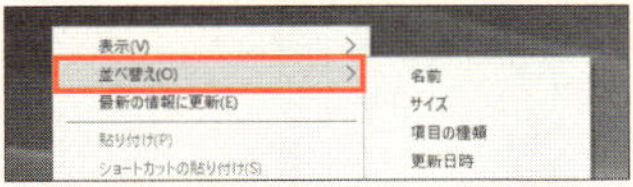

パソコン

002

離席時はパソコンをロックする

パソコンを使用中に席を立つ場合、画面をそのままにしておくと、ほかの人にパソコンの画面を見られたり、パソコンを操作されてしまったりする可能性がある。かといって、席を外すたびにパソコンの電源を切るのは現実的ではない。

離席時にほかの人がパソコンを使えないようにするには、**パソコンをロック**しておくとよい。ロックを解除するには、通常**パスワードの入力が必要**なので、パスワードを知らない人はパソコンを使えない。パソコンをロックするには、「スタート」からユーザーのアイコンをクリックして、「ロック」をクリックするか、［Windows］キーを押しながら［L］キーを押す。

なお、パソコンを**スリープ状態**にすることでも、ロック画面を表示させることができる。「スタート」から「電源」をクリックし、「スリープ」をクリックすると、スリープ状態になる。スリープを解除すると、ロック画面が表示される。

ここがポイント!

パソコンをロックする

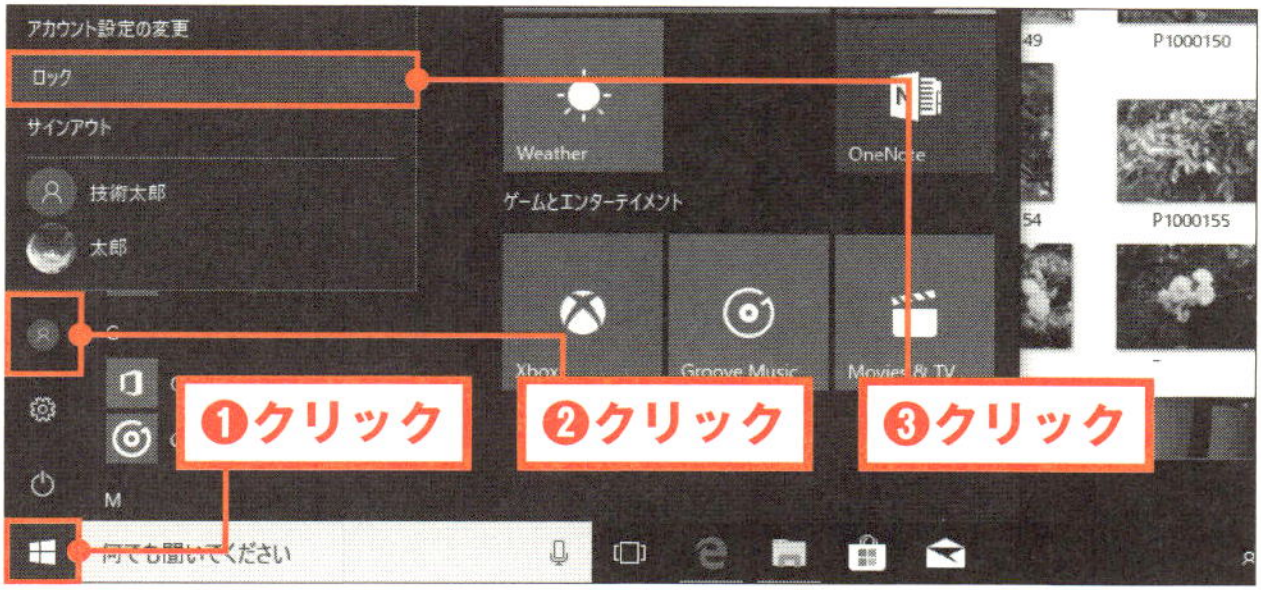

1 「スタート」をクリックして❶、ユーザーのアイコンをクリックし❷、「ロック」をクリックする❸。あるいは、キーボードの［Windows］キーを押しながら[L]キーを押す。

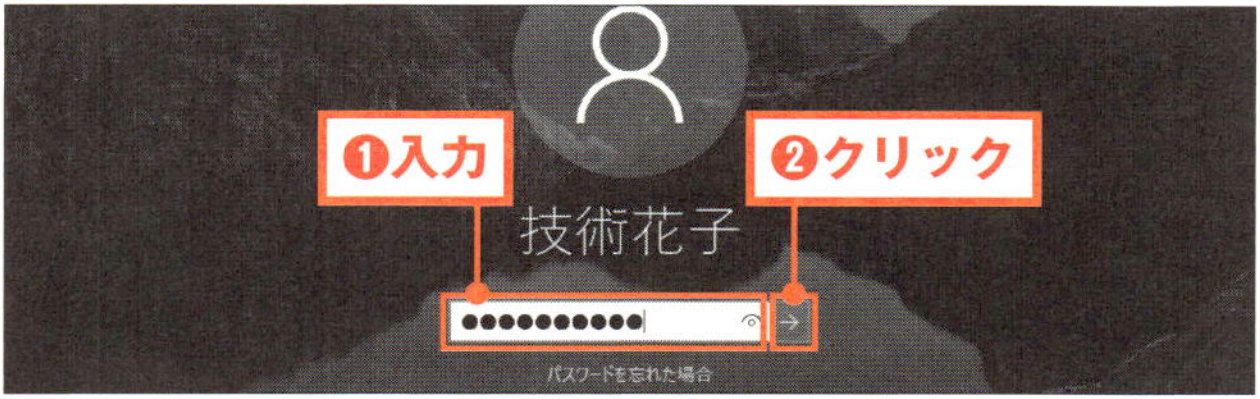

2 ロック画面が表示される。画面のどこかをクリックするか、任意のキーを押すと、サインイン画面が表示されるので、パスワードを入力して❶、[→]をクリックするか❷、[Enter]キーを押すと、ロックが解除される。

★One Point !★

スリープとは、パソコンが起動したまま電力消費を最小限にして待機している状態をいう。画面のどこかをクリックするか、任意のキーを押すと、スリープ状態が解除され、ロック画面が表示される。

退社時はパソコンの電源を落とす

1日の仕事が終了して退社するとき、あるいはパソコンを長時間使用しないときなどは、パソコンの電源をオフにしよう。パソコンの電源をオフにするには、「スタート」から「電源」をクリックして「**シャットダウン**」をクリックする。

ただし、電源をオフにする際には、ファイルやハードウェアの扱いに気を付ける必要がある。作業中のファイルがある場合は、**ファイルを保存**し、利用中のアプリは、**すべて終了**させてからオフにする。

また、ＵＳＢメモリーなどをつないでいる場合は、いきなり取り外すのではなく、**ハードウェアの安全な取り外し**操作を行ってから取り外そう。ＵＳＢメモリーは接続したままにせず、きちんと保管することも大切だ。

なお、パソコンの電源と連動していない外付けのハードディスクを接続している場合は、先にパソコンの電源をオフにしてからハードディスクの電源を切ろう。

ここがポイント! 安全にパソコンをシャットダウンする

▼ハードウェアを安全に取り出してパソコンの電源をオフにする

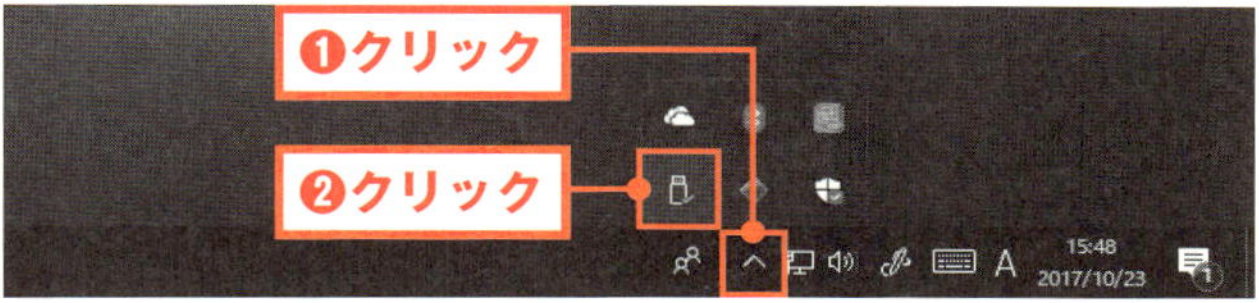

1 「隠れているインジケーターを表示します」をクリックして❶、「ハードウェアを安全に取り外してメディアを取り出す」をクリックする❷。

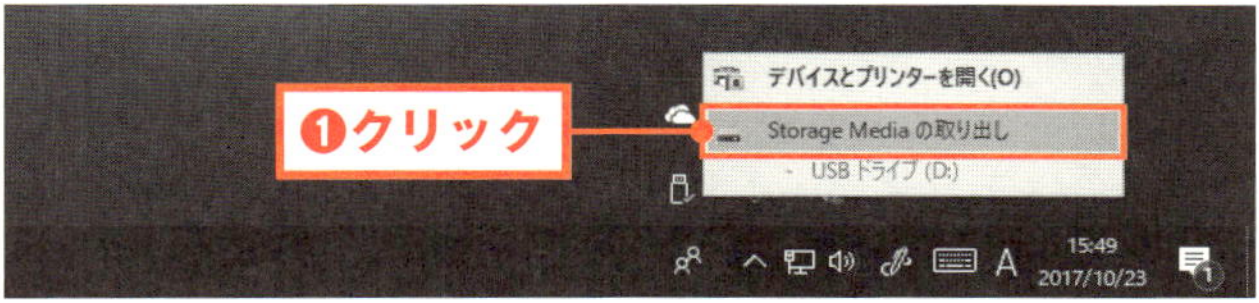

2 「○○の取り出し」(ここでは「Storage Mediaの取り出し」)をクリックすると❶、ハードウェアを安全に取り出すことができる。

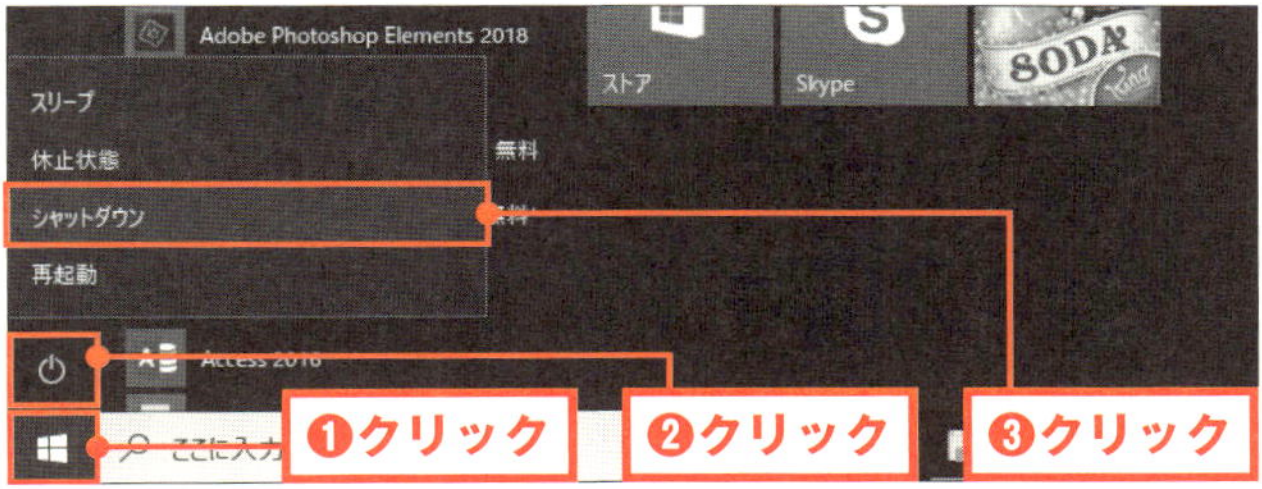

3 パソコンの電源をオフにするには、「スタート」をクリックして❶、「電源」をクリックし❷、「シャットダウン」をクリックする❸。

パソコン

004

パソコンの音量はミュートにしておく

業務に必要な動画を見るときなど、パソコンの音量を調節することがある。設定をそのままにしておき、次にパソコンを立ち上げたときに起動音が鳴ったり、急に動画の会話や音楽が流れたりして、慌てたことはないだろうか。

パソコンの音量を上げた場合は、忘れずに**音量を低くしておくか、ミュート（無音）に設定**しておこう。パソコンの音量を調節するには、通知領域にあるスピーカーアイコンをクリックして、表示される画面で設定する。

また、**機能別に音量を調節**することもできる。スピーカーアイコンを右クリックして、「音量ミキサーを開く」をクリックし、表示される画面で設定する。

職場は、みんなの共用スペースだ。ほかの人に迷惑をかけないように、仕事中はできる限り音を出さないように気を付けよう。仕事中に動画を見たり音を確認したりする必要がある場合は、イヤホンを使うとよいだろう。

ここがポイント! パソコンの音量をミュートにする

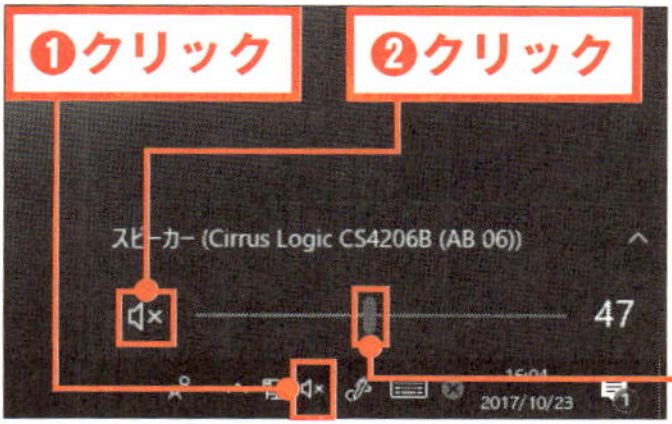

1 通知領域のスピーカーアイコンをクリックして①、スピーカーアイコンをクリックし②、音量をミュート(無音)に設定する。

▼機能ごとの音量をミュートにする

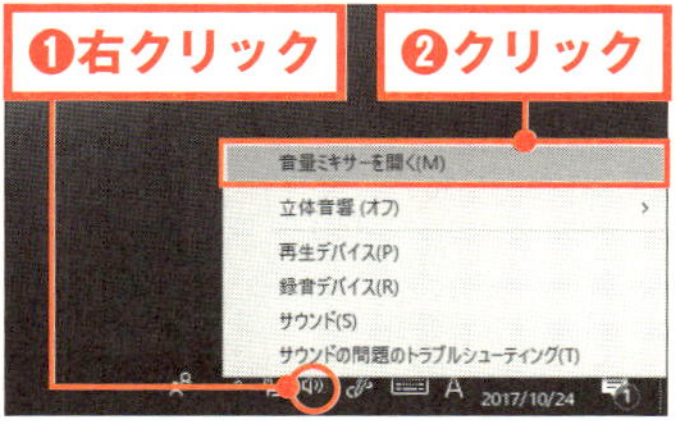

1 通知領域のスピーカーアイコンを右クリックして①、「音量ミキサーを開く」をクリックする②。

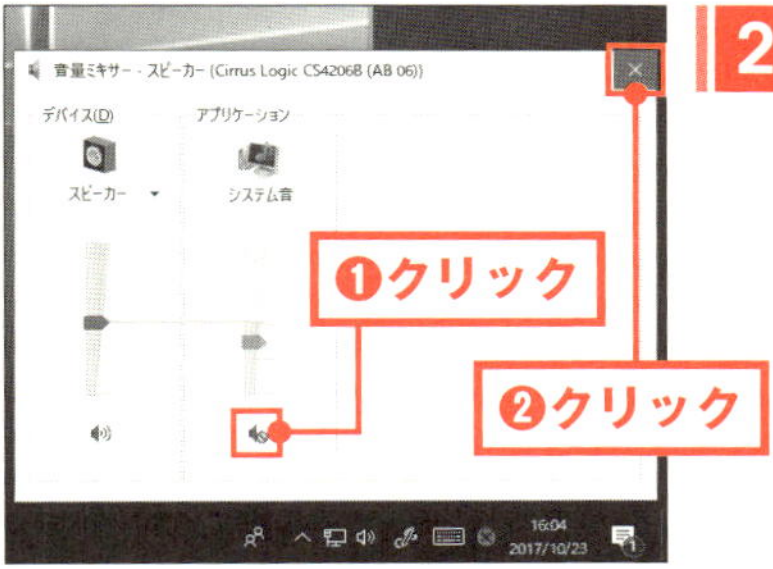

2 アプリケーションのスピーカーアイコンをクリックしてミュートにし①、「閉じる」をクリックする②。

パソコン

005

ファイル名には内容がわかる語句を入れる

ファイルの管理で大切なのは、ファイル名のわかりやすさだ。ファイル名がわかりづらいと、目的のファイルが見つけにくくなり、仕事の効率にも影響する。自分だけでなく、**誰が見てもわかりやすいファイル名**であることが大事だ。わかりづらいファイル名で保存してしまった場合は、あとから変更しよう。

　ファイル名には、ファイルを開かなくても内容がすぐに把握できるように、**内容を的確に表す語句**を入れるとよい。ただし、ファイル名が長すぎると読みにくくなるので、短めにすること。

　ファイル名が同じような語句になってしまう場合は、さらに具体的な内容を追加することが基本だ。たとえば、「見積書01」「見積書02」というファイル名では、何の見積書なのかがわからない。こういう場合は、「見積書-夏季製品カタログ」「見積書-製品展示会パンフレット」などとすれば、何に対しての見積書なのかがひと目でわかるようになる。

ここがポイント!

内容がひと目でわかるファイル名を付ける

▼ファイル名を変更する

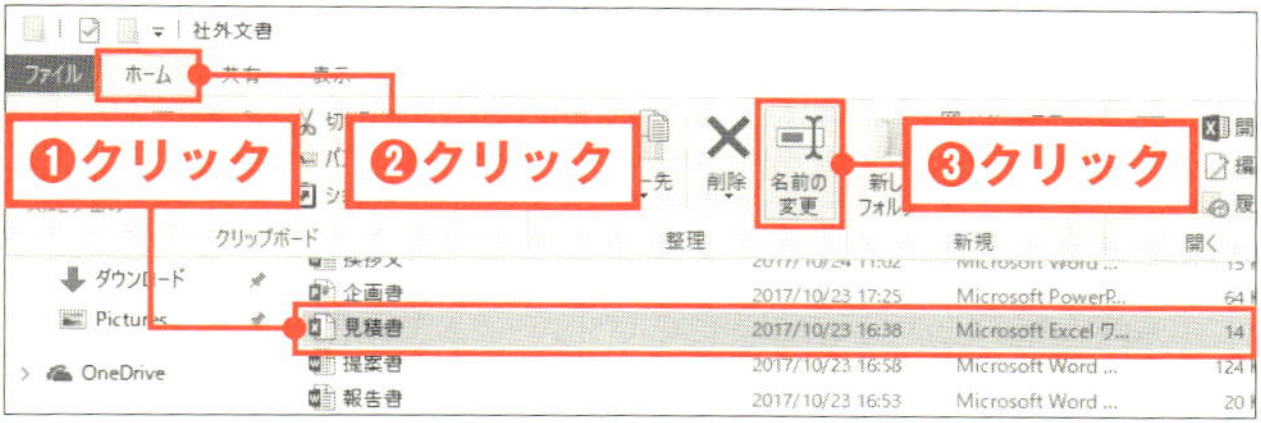

1 エクスプローラーを表示して、名前を変更したいファイルをクリックする❶。「ホーム」タブをクリックして❷、「名前の変更」をクリックする❸。

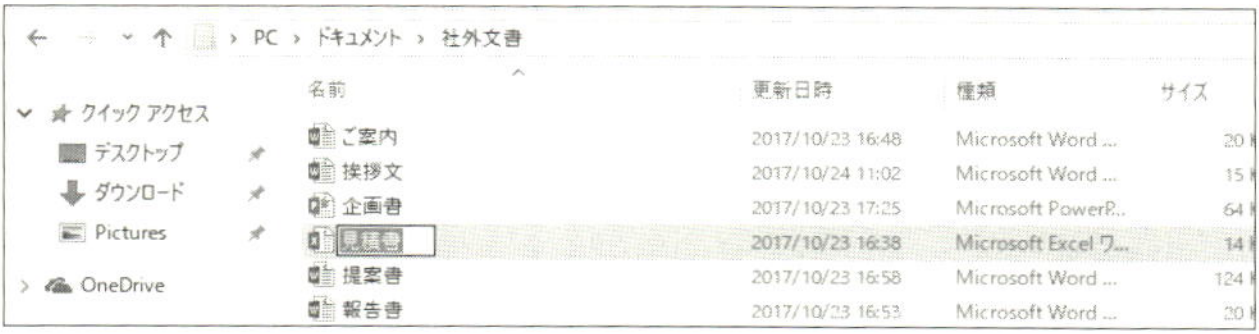

2 ファイル名が反転して、名前を変更できるようになる。

3 新しい名前を入力して❶、Enter キーを押す❷。

パソコン

006

ファイル名は日付を付けて管理する

パソコンの中にファイルがたまってくると、目的のファイルを探すのに時間がかかる。しかし、**ファイル名の付け方にルールを決めておく**と、かんたんに目的のファイルを探し出せるようになる。

ファイルを探しやすいように管理するには、ファイル名の先頭または末尾に日付を付ける。たとえば、「20180131-○○調査報告書」のように「**日付+ファイル名**」の組み合わせにすれば、すべてのファイルが自動的に日付順に並ぶ。あるいは「**ファイル名+日付**」にすれば、同じ種類のファイルが日付順に並ぶようになる。

日付は、「20180131」のように西暦を4桁で、月と日をそれぞれ2桁で入力すると、日付がきれいに並ぶ。「180131」のように西暦を下2桁にしてもよい。ただし、西暦の表記方法は、どちらかに統一する。

日付とファイル名の間はアンダーバーかハイフンでつなぐと見やすいが、これもどちらにするかルールを決めておこう。

ここがポイント!

ファイル名は「日付＋ファイル名」で付ける

ファイル名のルールが決まっていないと、ファイルが見つけづらくなってしまう。

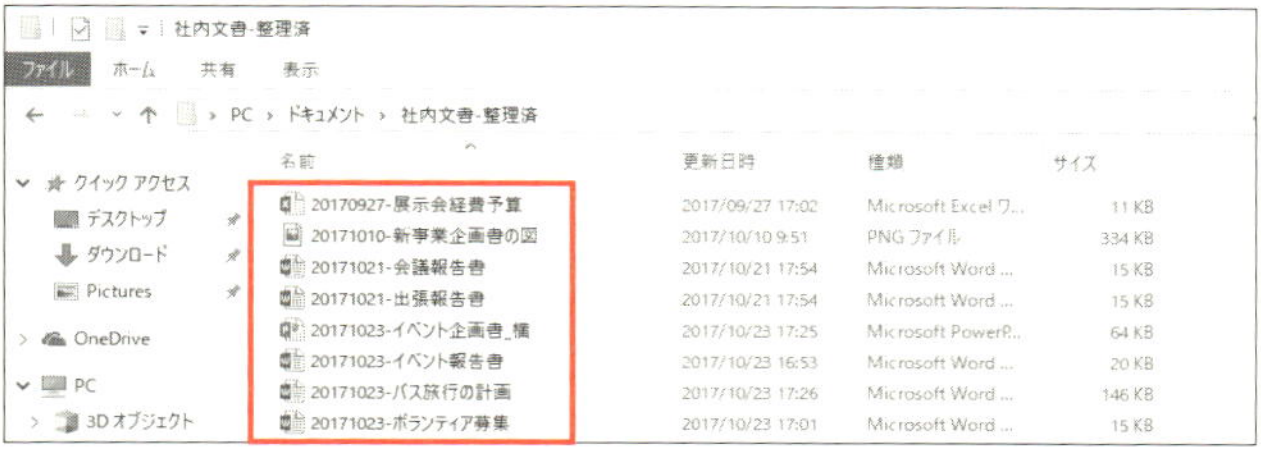

ファイル名の付け方にルールを決めておけば、ファイルが整理され、わかりやすくなる。ここでは、ファイル名の先頭に8桁で日付を入れ、ハイフン(-)でファイルの内容をつないでいる。

▼ファイル名の付け方のルールを作る

- 日付はファイル名の最初に入れるのか、最後に入れるのか。
- 日付は8桁(20180131)にするか、6桁(180131)にするか。
- ファイルの名前と日付をつなぐ記号は、アンダーバー(_)にするか、ハイフン(-)にするか。

パソコン

007

ファイルはこまめに上書き保存する

パソコンを使って作業しているとき、アプリが突然止まってしまった！という経験をしたことがあるだろう。ワードやエクセルなどのように自動回復機能が備わっているアプリもあるが、ファイルが元通りに回復するとは限らない。

せっかく作成したファイルが消えてしまわないように、パソコンを使って作業をしているときは、**常にファイルを保存する**習慣を身に付けておこう。文書を作成するときは、最初にファイル名を付けて保存しておく。あとは、適宜「**上書き保存**」を実行するとよい。上書き保存は、画面左上の「上書き保存」アイコンをクリックすることでも実行できるが、入力中の場合は、**【Ctrl】キーを押しながら【S】キーを押す**ほうが効率的だ。

なお、ワードやエクセルでは、保存しないで終了すると、再起動後に「ドキュメントの回復」作業ウィンドウが表示されるので、回復させたいファイルをクリックして、保存を実行するとよい。

ここがポイント! 定期的に「上書き保存」を実行する

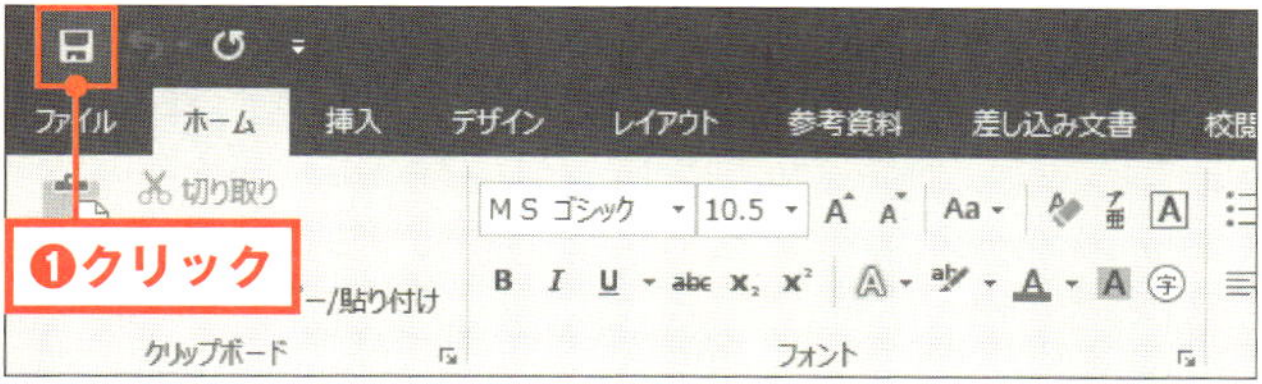

最初にファイル名を付けて保存しておき、あとは、「上書き保存」をクリックするか❶、Ctrlキーを押しながらSキーを押して、適宜保存する。

▼自動保存されたファイルを回復する

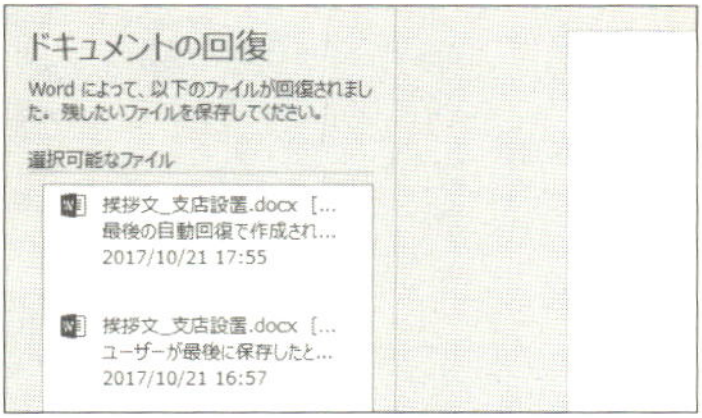

1 ワードやエクセルを保存しないで終了すると、次回起動時に「ドキュメントの回復」作業ウィンドウが表示される。

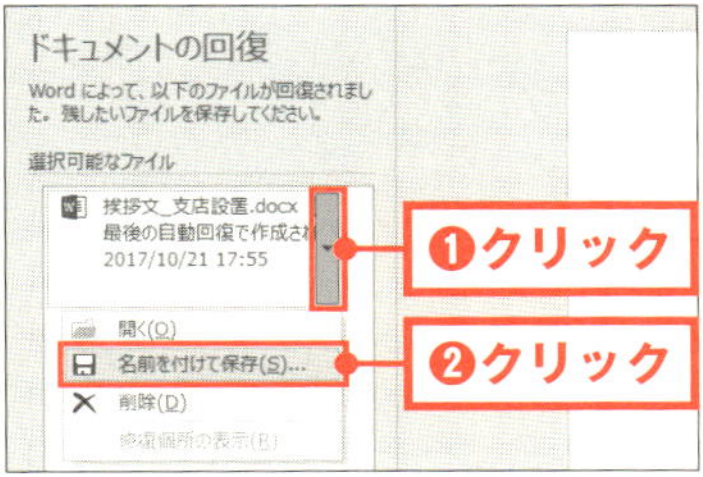

2 回復させたいファイル右側の▼をクリックして❶、「名前を付けて保存」をクリックし❷、名前を付けて保存する。

パソコン

008

履歴を残したいファイルは新しく保存し直す

ファイルを編集して更新する際は、「上書き保存」を実行して、もとのデータに上書きして保存するのが一般的だ。しかし、更新前のデータを確認する必要が出てきたり、編集して再利用したり、更新前の状態で印刷したりと、あとからもとのデータを利用する場面も出てくる。

もとのデータを残しておきたい場合は、編集を始める前に「名前を付けて保存」ダイアログボックスを表示して、**別のファイル名を付けて保存**しておくとよい。このとき、**ファイル名の付け方にルールを決める**こと。

ファイルの履歴を残しておきたい場合は、ファイル名の末尾に「01」「02」のようにバージョン番号を付けると、保存した順番がわかる。また、「02-修正版」のように、番号の後ろにメモを加えてもわかりやすくなる。あるいは、ファイル名にそれぞれの保存した日を付けても、順に更新されたファイルとして管理できる（24ページ参照）。

ここがポイント!

「名前を付けて保存」で履歴を残す

▼オフィスアプリのファイルで履歴を残す

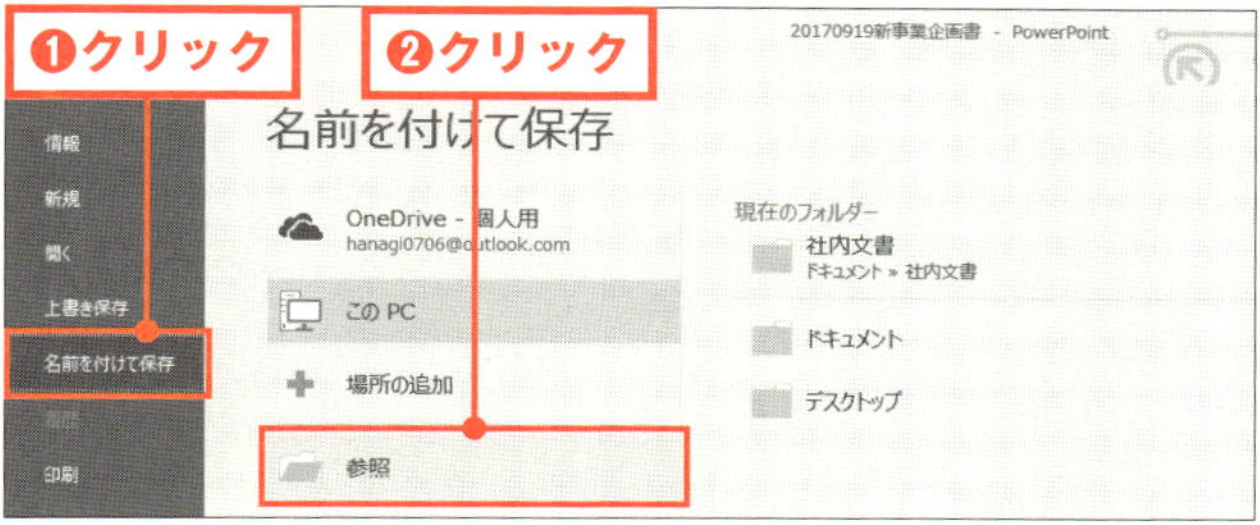

1 編集するファイルを表示して、「ファイル」タブから「名前を付けて保存」をクリックし❶、「参照」をクリックする❷。オフィスアプリの場合は、F12キーを押してもよい。

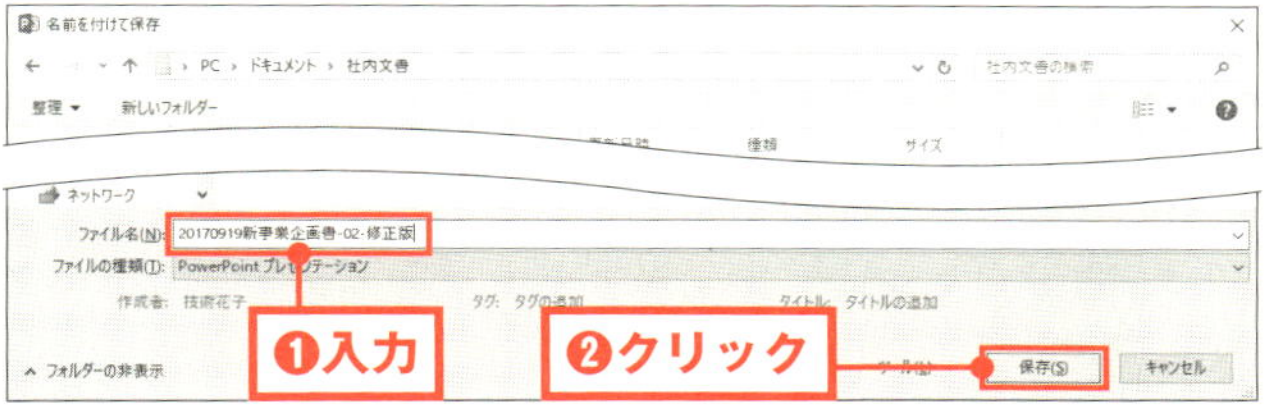

2 別のファイル名を入力して❶、「保存」をクリックする❷。

★One Point !★

別名を付けて保存するファイルは、標準では、もとのファイルと同じフォルダーに保存される。フォルダーを変えたい場合は、手順2で保存先を変更しよう。

ファイルは用件ごとにフォルダーで管理する

ファイルの管理に欠かせないのがフォルダーだ。ファイルが大量にあると、目的のファイルを探すのに時間がかかる。**同じ用件のファイルをフォルダーに分類**しておけば、必要なファイルをすぐに見つけ出すことができる。

フォルダーの中には、さらにフォルダーを作ることもできるので、大項目、中項目、小項目と、**複数の階層を利用**して関連するファイルを整理しよう。

たとえば、「報告書」というフォルダーを作成したら、その中に会社名や文書の種類で名前を付けたフォルダーを作成し、取引先別、文書別に分類していく。

ただし、あまり深く階層化すると、ファイルを開く際に手間がかかる。また、1つのフォルダーの中にたくさんのファイルを入れすぎても、必要なファイルが見つけにくくなる。フォルダーの階層数は3つまで、1フォルダーの中に入れておくフォルダーやファイルは、最大で7、8個くらいにしておくとよいだろう。

ここがポイント！ フォルダーを作成してファイルを管理する

1 エクスプローラーを表示して、フォルダーを作成する場所を表示し、「新しいフォルダー」をクリックする❶。

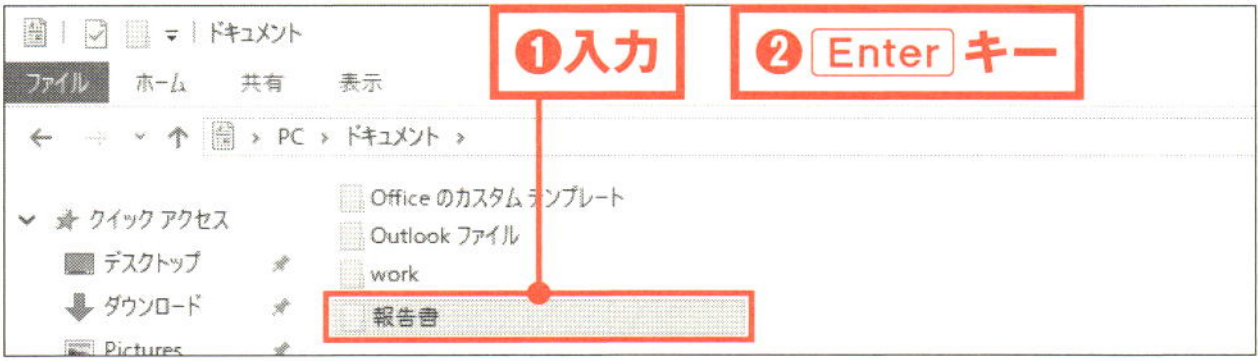

2 新しいフォルダーが作成されるので、フォルダー名を入力して❶、Enter キーを押す❷。

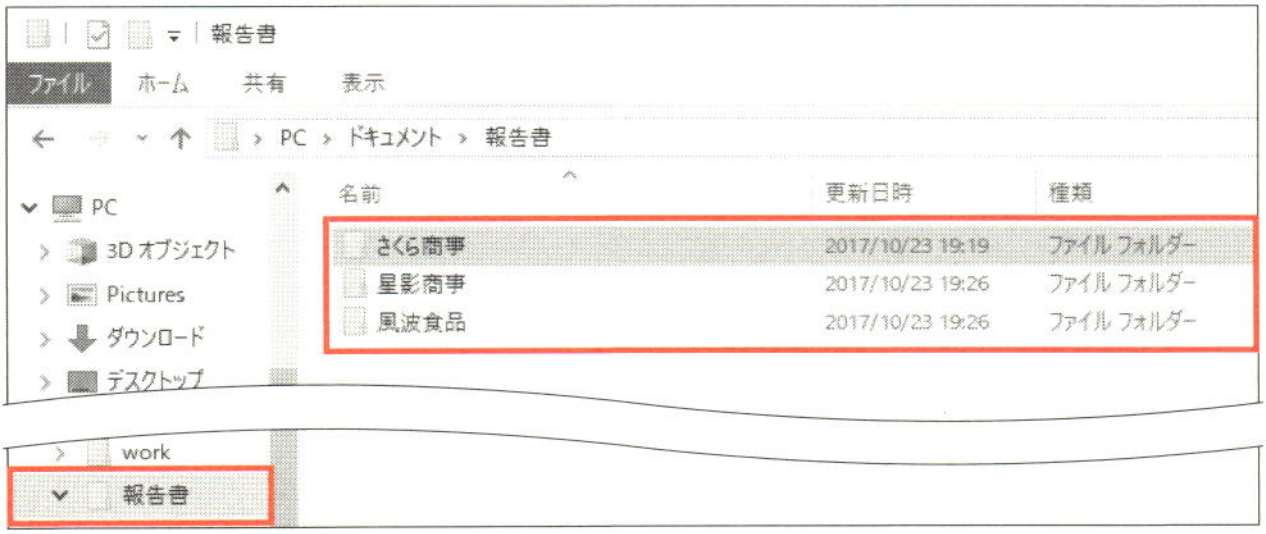

3 手順**2**で作成したフォルダーの中で、手順**1** **2**を繰り返してさらに必要なフォルダーを作成し、それぞれのフォルダーの中にファイルを保存する。

パソコン

010

フォルダー名に番号を付けて優先順位で並べる

よく使うファイルやフォルダーは、すぐに探せるようにしておきたい。ファイルやフォルダーを探す手間を省くことは、仕事の効率アップのためにも重要なことだ。

Windowsでは、何も設定しない場合、**ファイルやフォルダーは名前の昇順に並ぶ**。この特性を利用すると、フォルダーをもっと便利に使いやすくして、ファイルを整理することができる。

たとえば、「案内書」「企画書」「見積書」「領収証」とフォルダーを作成しているとしよう。このフォルダーに通し番号を付けると、「01見積書」「02企画書」「03案内書」「04領収書」のように、**よく利用する順や自分にとって重要な順に並べ替える**ことができる。

数字の代わりに、「a見積書」「b企画書」「c案内書」「d領収書」のようにアルファベットを付けてもよいだろう。フォルダーの数が多くなってきたときに有効な方法だ。

ここがポイント! 番号を付けてよく使う順にフォルダーを整理する

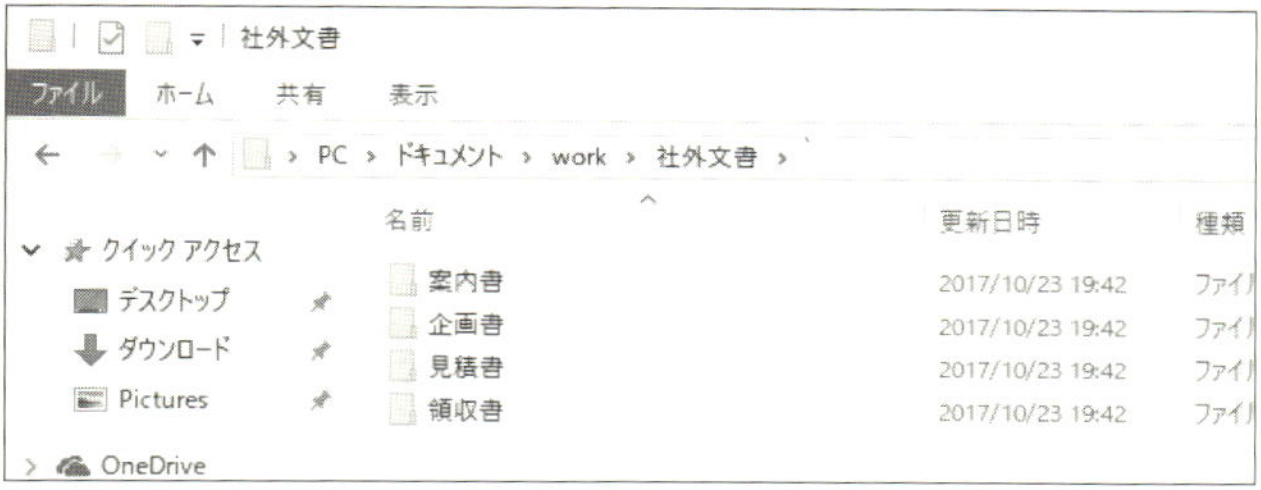

Windowsの既定では、ファイルやフォルダーは名前の昇順に並ぶ。

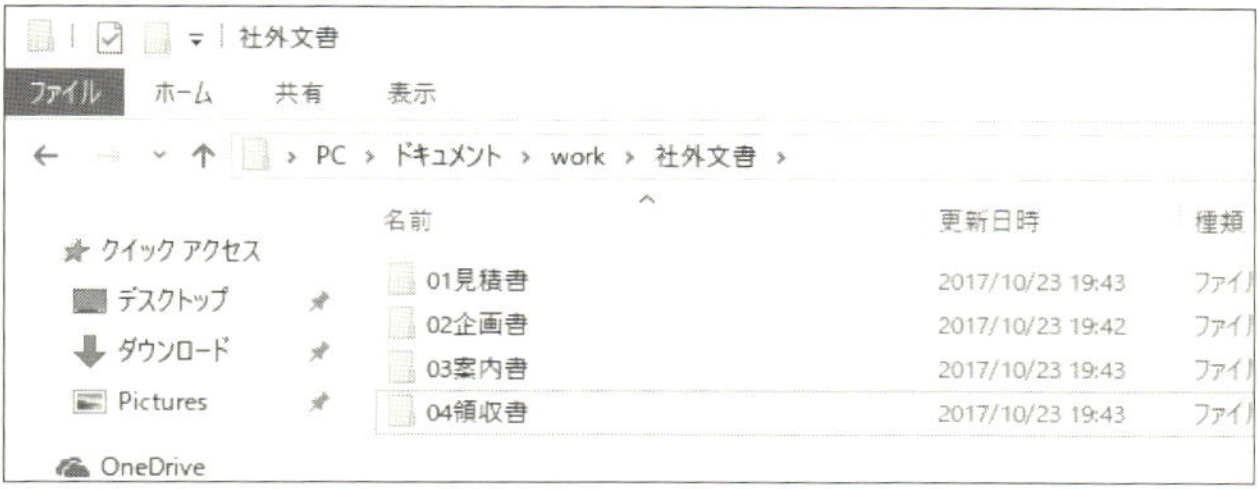

通し番号を付けると、よく利用する順や自分にとって重要な順に並べ替えることができる。

★One Point !★

フォルダー名を変更するには、エクスプローラーで「ホーム」タブをクリックして「名前の変更」をクリックする（23ページ参照）、フォルダーを右クリックして「名前の変更」をクリックする、フォルダーをクリックして F2 キーを押す、フォルダーをクリックしたあと少し間を置いてもう一度クリックする、の4つの方法がある。

パソコン

011

不要なファイルは早めに削除する

パソコンで文書を作成していると、古いバージョンのファイルが増えてくる。似たような名前を付けていると、どれが必要なファイルなのか迷うこともあるだろう。効率よく仕事をするためには、**不要なファイルを削除**して、パソコン内やフォルダー内を常にすっきりさせておくことが重要だ。

ファイルを削除するには、エクスプローラーで削除するファイルをクリックし、「ホーム」タブの「削除」をクリックする。ファイルを右クリックして「削除」をクリックするか、「Delete」キーを押しても削除できる。

削除したファイルはいったん「ごみ箱」に保管されるので、誤って削除した場合でも、もとに戻すことができる。

また、削除するかどうか迷ったファイルは、とりあえず保管するフォルダーを作ってそこに移動しておき、完全に不要となったときに削除するとよい（36ページ参照）。

ここがポイント！ 不要なファイルはごみ箱に移動する

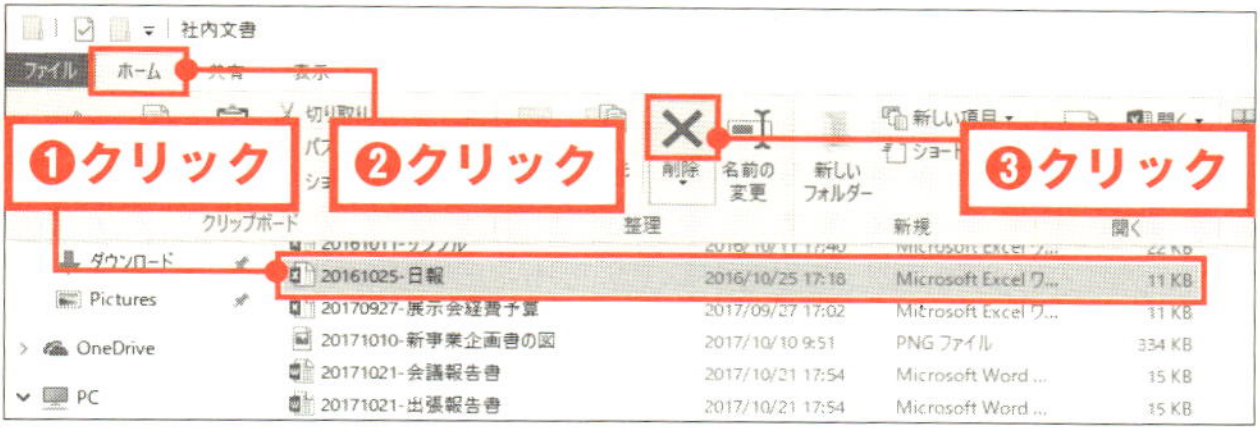

1 エクスプローラーを表示して、ファイルをクリックする❶。「ホーム」タブをクリックして❷、「削除」をクリックする❸。

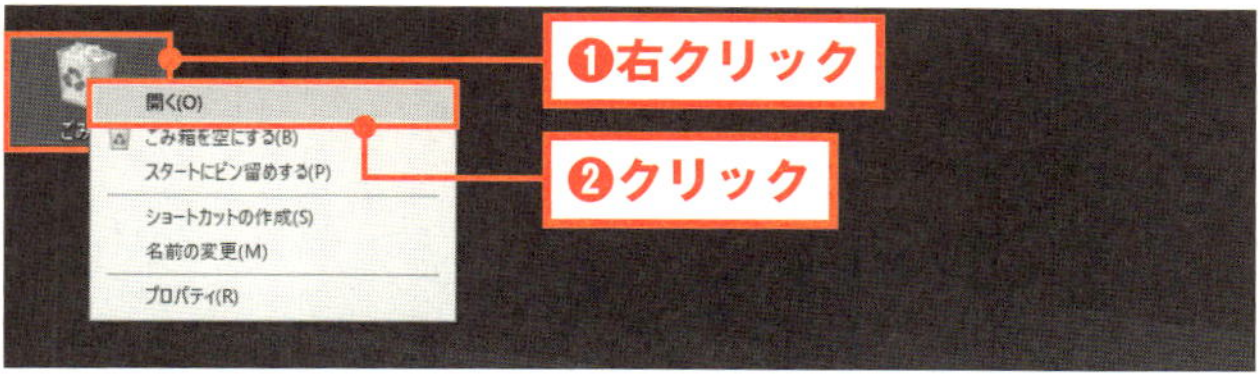

2 デスクトップにある「ごみ箱」を右クリックして❶、「開く」をクリックする❷。

3 ごみ箱にファイルが移動していることが確認できる。誤って削除した場合は、右クリックして「元に戻す」をクリックすると、もとの保存場所に戻すことができる。

パソコン

012

処理済みのファイルは「old」フォルダーで一時的に保管する

1つの業務を終了するまでには、履歴を含むさまざまなファイルが作成される。業務が終わったあとに、それらのファイルを削除してしまえればよいが、「もしかしたら必要になるかも……」などと、削除しきれないファイルは結構多いのではないだろうか。

そういったファイルを削除せずにいつまでも保存しておくと、ファイルの整理がつかなくなる。この場合は、**当面使わないが、捨てたくはないファイルの保管場所**として、「old」や「削除候補」などのフォルダーを「ドキュメント」フォルダーやデスクトップなどに作成して、そこへ保管しておこう。

とりあえず保管したフォルダーの中は**定期的に確認し、完全に不要となったファイルはごみ箱に移動**して削除すればよい。現在稼働している業務以外のファイルは、いつも使うフォルダー内には置いておかないこと。これが、ファイルを整理するコツだ。

ここがポイント！ 削除するのが不安なファイルは「old」フォルダーに一時保管する

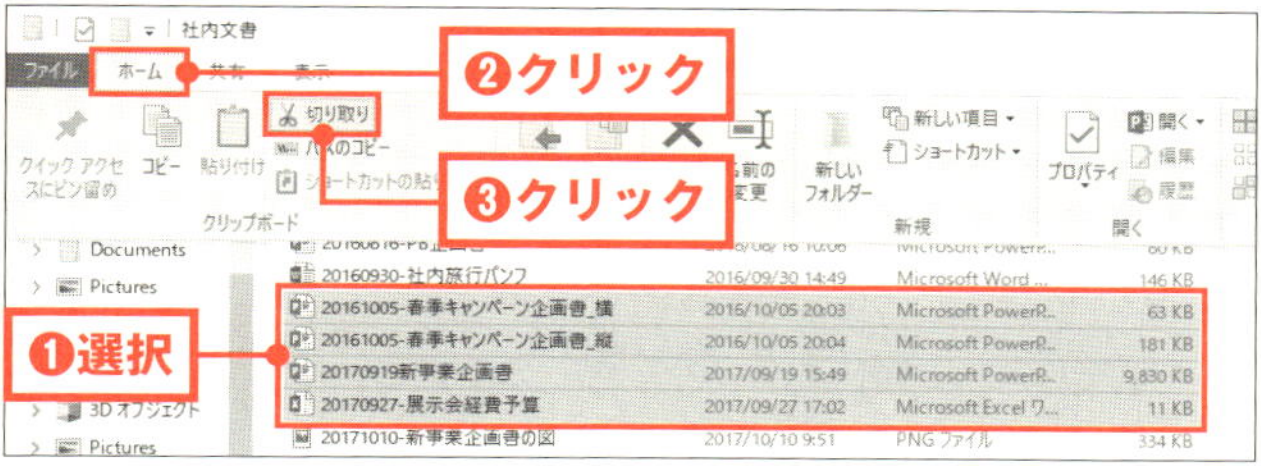

1 エクスプローラーを表示して、とりあえず保管しておきたいファイルを選択する❶。「ホーム」タブをクリックして❷、「切り取り」をクリックする❸。

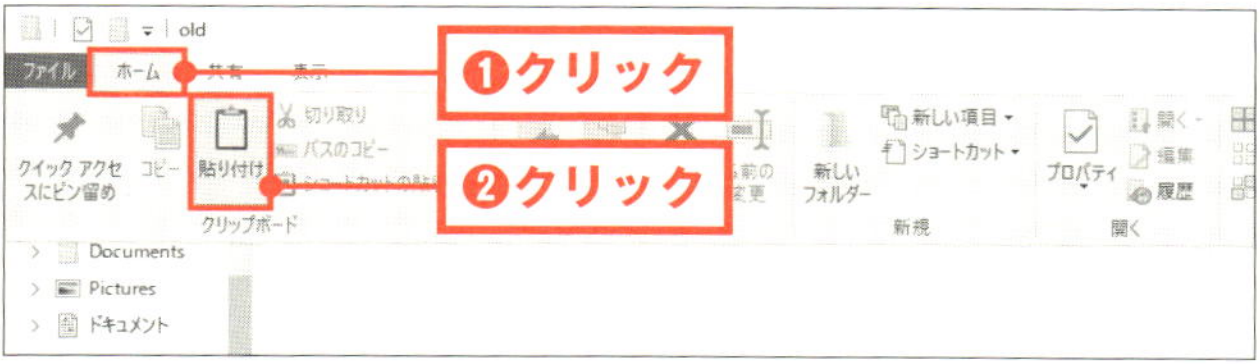

2 「old」フォルダーを表示して、「ホーム」タブをクリックし❶、「貼り付け」をクリックする❷。

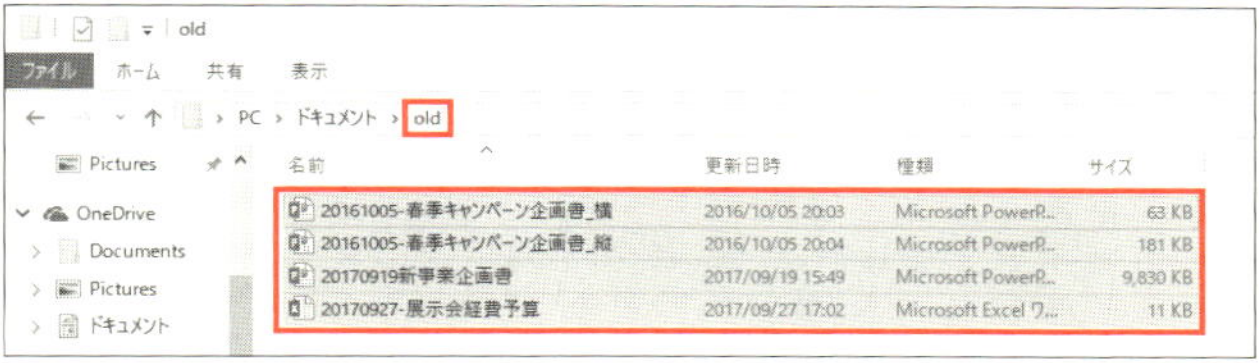

3 ファイルが「old」フォルダーに移動される。

パソコン

013

大事なファイルはバックアップをとっておく

毎日使用していたパソコンが突然故障してしまった！ 操作ミスで大事なデータを消してしまった！ などのトラブルは誰にでも起こり得る。機器だけであれば買い替えれば済むが、大切なデータは取り戻すことはできない。万が一に備えて、**大切なデータはバックアップ（コピー）をとっておこう。**

　バックアップは、手動で行うこともできるが、Windowsの「**ファイル履歴**」を使うと、**定期的に自動でバックアップしてくれる**ので便利だ。ファイル履歴の機能は、初期設定ではオフになっている。外付けハードディスクなど、バックアップ先のドライブを接続してから、設定画面で保存先のドライブを選択し、設定をオンにして、バックアップの間隔、保持する期間などを設定しよう。

　なお、バックアップを復元するには、左ページ手順3の画面の最下段にある「現在のバックアップからファイルを復元」をクリックして実行すればよい。

ここがポイント! ファイル履歴を使って定期的にバックアップする

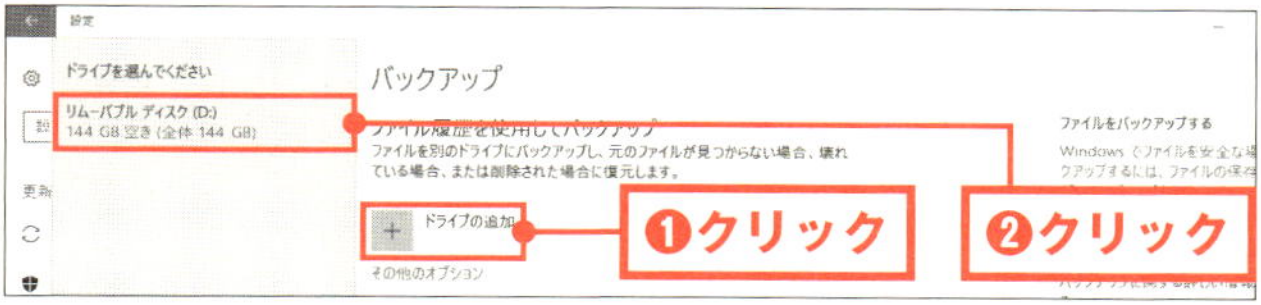

1 「スタート」→「設定」→「更新とセキュリティ」→「バックアップ」の順にクリックする。「ドライブの追加」をクリックして❶、バックアップ先をクリックする❷。

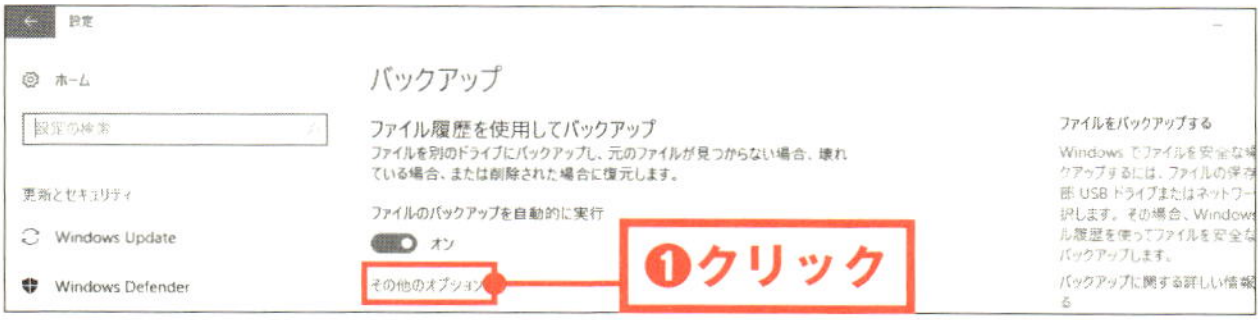

2 ファイルの履歴がオンになるので、「その他のオプション」をクリックする❶。

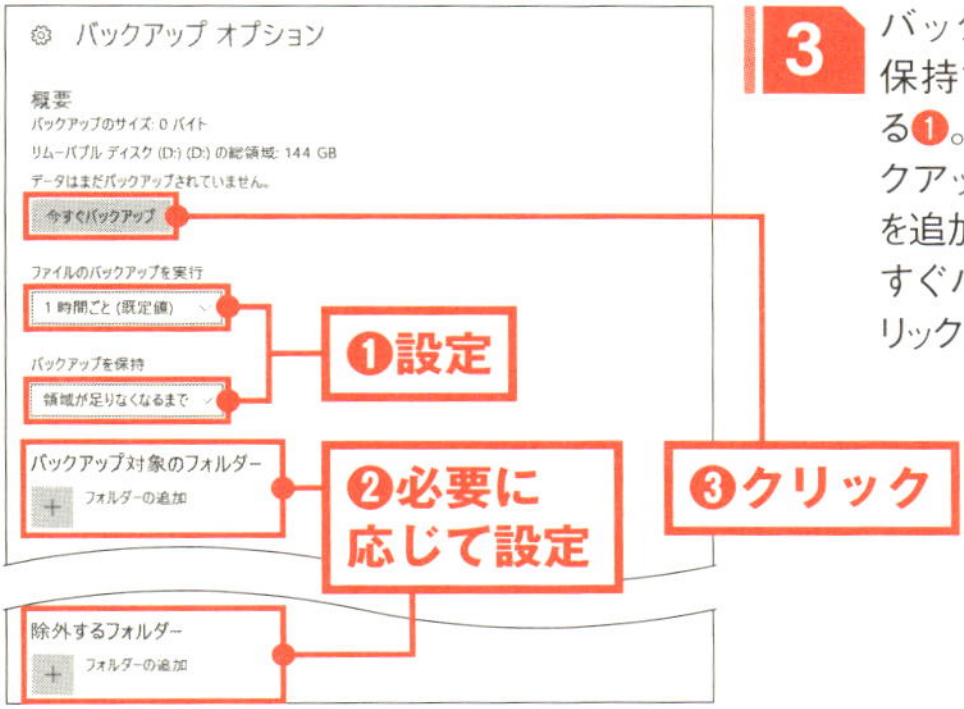

3 バックアップの間隔、保持する期間を設定する❶。必要に応じてバックアップするフォルダーを追加・除外し❷、「今すぐバックアップ」をクリックする❸。

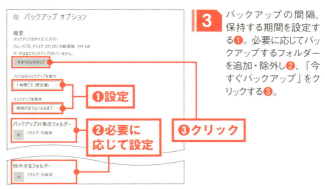

パソコン

014

ファイルの作成者を確認する

ワードやエクセルでファイルを作成すると、ファイルの作成者や会社名などの個人情報が自動的に付加される。これらの情報は、オフィスアプリをパソコンにインストールしたときに、手順の中で入力したものだ。

自分だけで使用している分には問題ないが、ファイルを取引先に渡したり、仕事仲間と共有したりする場合は、個人情報が残っているのはセキュリティ上よくない。ファイルを渡す前に、個人情報や非表示のデータが保存されていないかを確認して削除しておこう。

ここでは、オフィスアプリの**ドキュメント検査を使用して削除**する方法を紹介する。ほかに、エクスプローラーでファイルを右クリックして「プロパティ」をクリックし、「詳細」タブの「プロパティや個人情報を削除」をクリックしてから、表示されるダイアログボックスで「このファイルから次のプロパティを削除」をオンにしても削除できる。

ここがポイント!

ファイルの個人情報を削除する

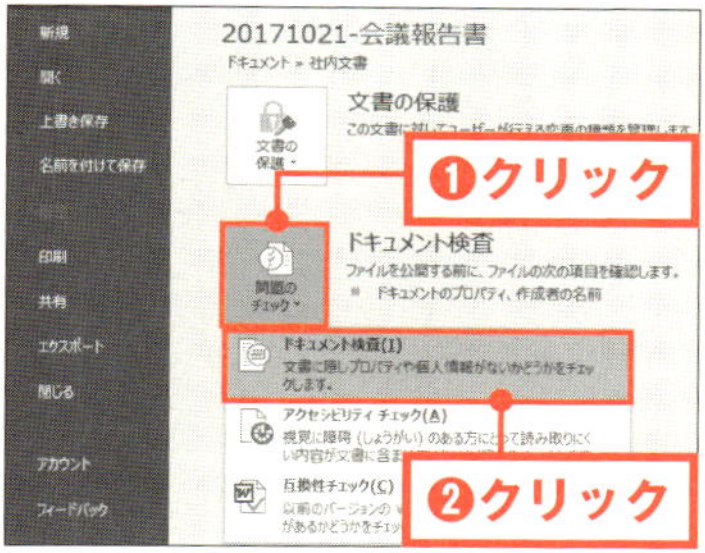

1 オフィスアプリでファイルを開き、「ファイル」タブの「情報」で「問題のチェック」をクリックして❶、「ドキュメント検査」をクリックする❷。

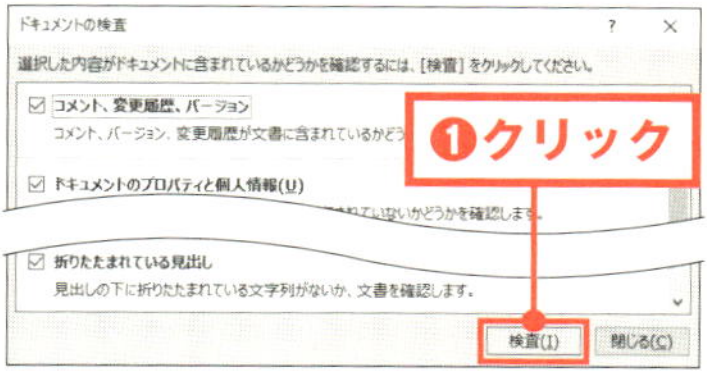

2 「検査」をクリックする❶。

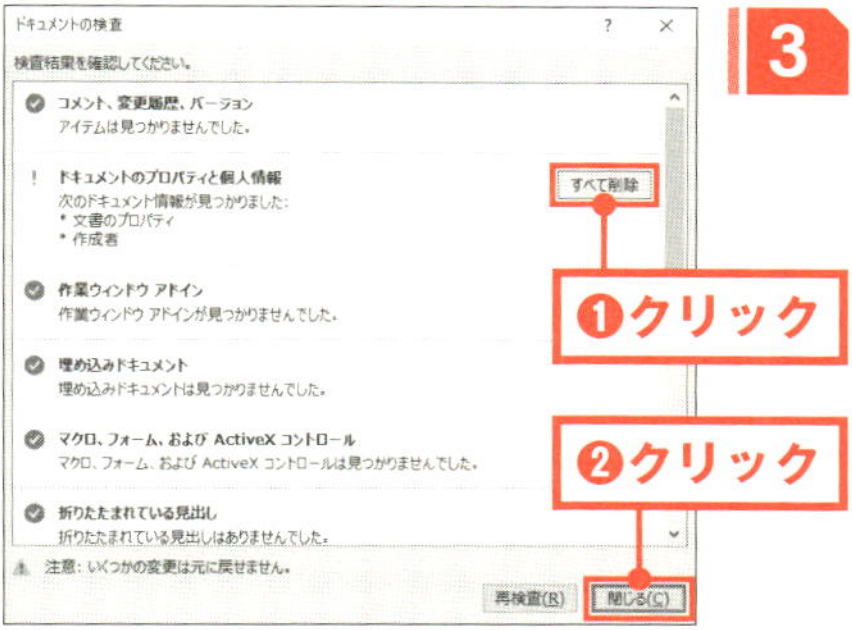

3 個人情報が残っている場合は、「すべて削除」をクリックして❶、「閉じる」をクリックする❷。

ファイルの拡張子は表示させておく

ファイル名の後ろには「.」(ピリオド)とファイルの種類を表す3~4文字の英数字が付いている。これは拡張子といい、ワード2016は「.docx」、エクセル2016は「.xlsl」、テキストファイルは「.txt」というように、**拡張子でファイルの種類がわかる**ようになっている。

しかし、Windowsの初期設定では、拡張子は表示されない設定になっている。拡張子が表示されていないと、そのファイルが何のファイルなのか判断できないだけでなく、外部から受け取った「.exe」などの実行ファイルをうっかり開いてしまうなど、セキュリティの面でも問題がある。**拡張子は常に表示させておく**ほうがよいだろう。

拡張子を表示するには、エクスプローラーの「表示」タブで「ファイル名拡張子」をオンに設定すればよい。

なお、拡張子を変更・削除すると、ファイルを開けなくなる場合がある。拡張子を表示する際は注意すること。

ここがポイント！ 拡張子を表示しておく

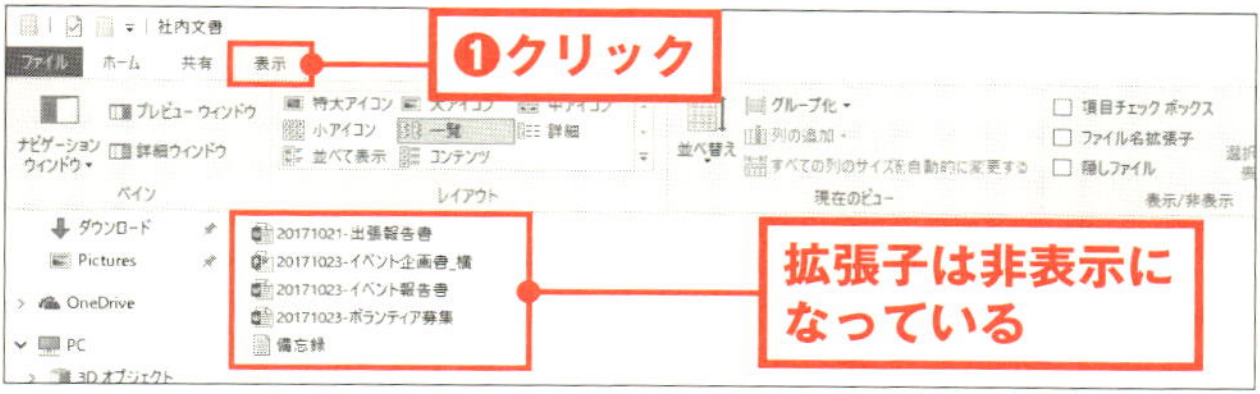

1 エクスプローラーを表示して、「表示」タブをクリックする❶。

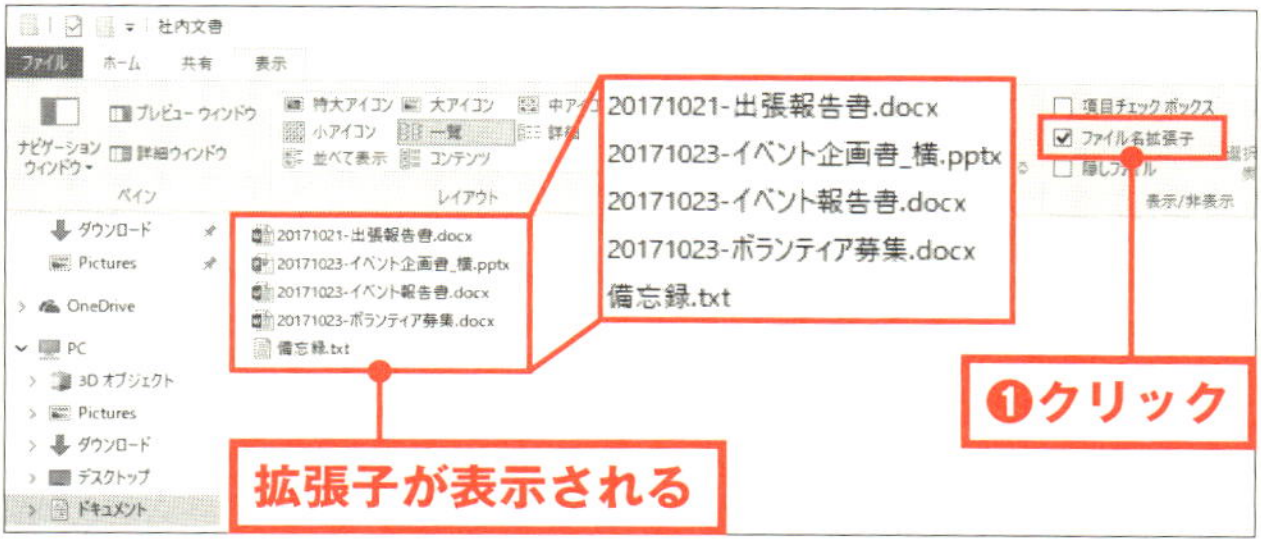

2 「ファイル名拡張子」をクリックしてオンにすると❶、拡張子が表示される。

★One Point！★

主な拡張子には、右ページで紹介した以外に、以下のようなものがある。

.pptx	パワーポイント2016	.pdf	PDFファイル
.exe	プログラムファイル	.zip	圧縮ファイル
.wmv	動画ファイル	.gif／.jpg／.png	画像ファイル
.csv	カンマ(,)区切りのテキストファイル		

パソコン

016

社外の人にはPDFでファイルを渡す

ワードやエクセルで作成したファイルは、パソコンの環境によって正しく表示されない可能性がある。そこで、社外の人にワードやエクセル、パワーポイントなどで作成したファイルを渡す場合は、**PDFファイル**にするとよい。

PDFファイルは、WindowsやMacなどの**パソコン環境に関係なく、レイアウトや書式、画像などがそのままの状態で表示できる**ファイル形式だ。Windowsに標準で搭載されているリーダーやEdge、無料のアプリのAcrobat Reader DCなどで表示することができる。

なお、ワードやエクセル、パワーポイントでは、PDFファイルをかんたんに作成できる。「ファイル」タブの「エクスポート」→「PDF／XPSドキュメントの作成」→「PDF／XPSの作成」の順にクリックすればよい。あるいは、ファイルを保存する際に、「ファイルの種類」を「PDF」にしてもよい。

ここがポイント! PDFファイルを作成する

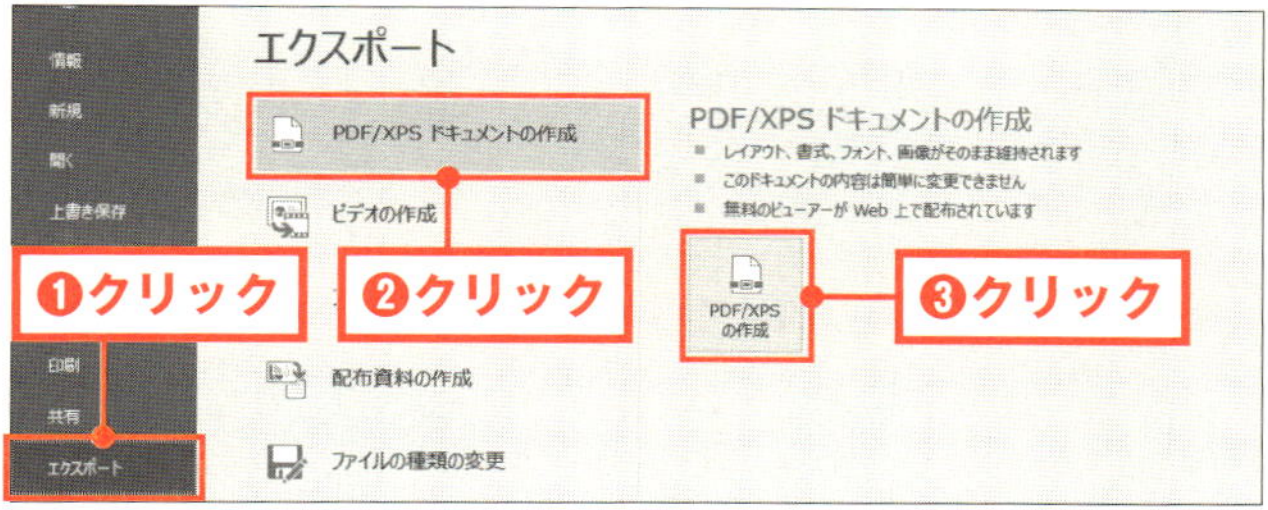

1 オフィスアプリで「ファイル」タブをクリックして、「エクスポート」をクリックする❶。「PDF/XPSドキュメントの作成」をクリックして❷、「PDF/XPSの作成」をクリックする❸。

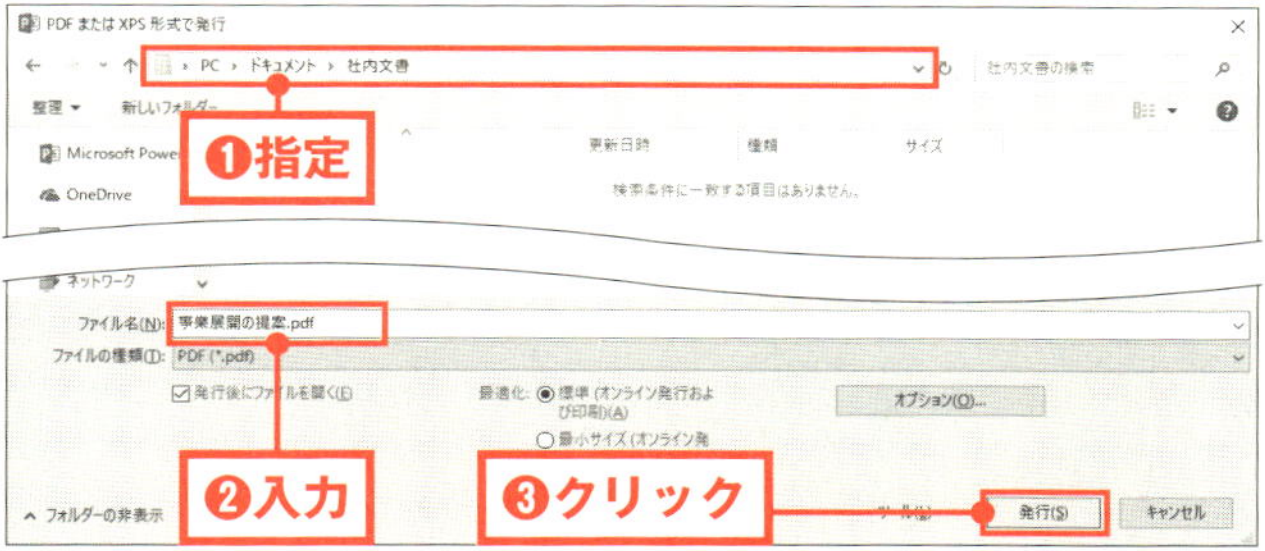

2 保存先を指定して❶、ファイル名を入力し❷、「発行」をクリックする❸。

★One Point !★

「PDFまたはXPS形式で発行」ダイアログボックスの「オプション」をクリックすると、ページ範囲やPDFのオプションなどを設定することもできる。

パソコン

017

タッチタイピングをマスターする

　キーボードで効率よく文章を入力するには、キーを見ず、原稿や画面から目を離さずに打つ。これを**タッチタイピング**（あるいは**ブラインドタッチ**）という。タッチタイピングをマスターすると、キーボードを見ながら打つより、よりすばやく入力することができる。

　タッチタイピングの基本は、**ホームポジションを身に付ける**ことだ。キーボードの「F」に左手の人差し指を、「J」に右手の人差し指を置く。この2つのキーには小さい突起が付いている。これを基本にして、左の中指から小指に向かって順に「D」「S」「A」、右の中指から小指に向かって順に「K」「L」「;」（セミコロン）に各指を置く。両方の親指は［スペース］キーに置く。この指の配置をホームポジションといい、キーを打つたびに毎回その位置に指を戻すようにする。

　タッチタイピングでは、**どの指でどのキーを打つかが決まっている**。各指の動作範囲をしっかり覚えておこう。

ここがポイント! ホームポジションを身に付ける

▼ホームポジション

「F」「D」「S」「A」キーに左手の人差し指、中指、薬指、小指を置き、「J」「K」「L」「;」キーに右手の人差し指、中指、薬指、小指を置く。

▼キーと指の対応

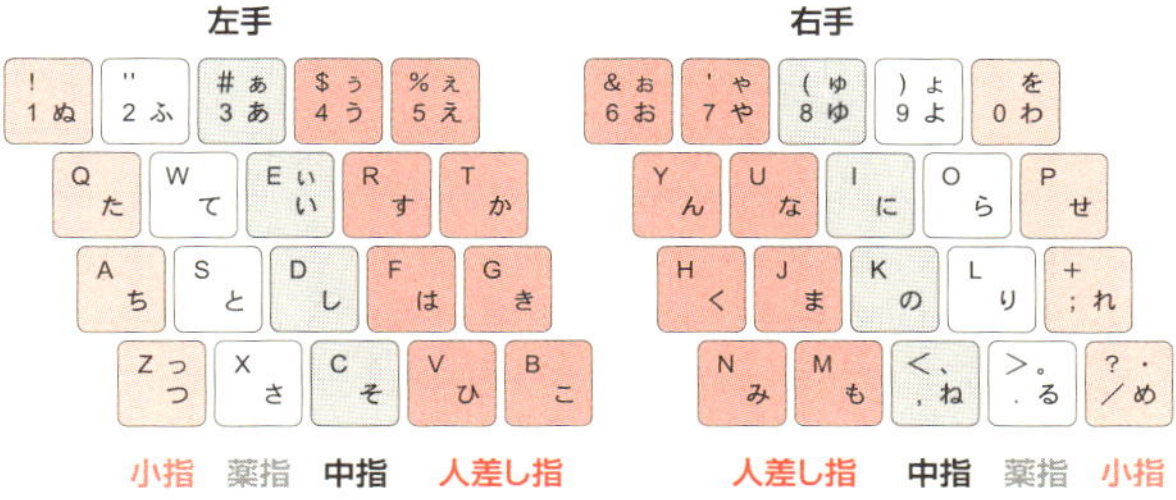

タッチタイピングでは、どの指でどのキーを打つかが決まっている。アルファベットの範囲のみで指の動きを確認すると、上図のようになる。左右の人差し指が2列分を担当し、そのほかの指は1列を担当する。

パソコン

018

よく使う文言は単語登録する

　文書やメールなどで入力する毎回同じようなあいさつ文、取引先の会社名や部署、役職、名前など、頻繁に使用する文章は、**単語登録**しておくと入力の手間が省け、作業効率もアップする。読みが難しい人名や変換しにくい人名なども登録しておくと便利だ。

　Windowsに搭載されている日本語入力システム「Microsoft IME」には、**単語を読みで登録**する機能がある。単語や文章を登録しておくと、そのパソコン内で使用するどのアプリからも利用することができる。登録した単語や文章は、対応する読みを入力して変換しようとすると、**変換候補として表示される**ようになるので、すばやく入力できる。

　単語を登録するには、通知領域にある入力モードを右クリックして、「**単語の登録**」をクリックする。登録する際の「よみ」は、実際に入力する際に、何の読みで登録したのかを忘れないように、わかりやすいものにしよう。

ここがポイント！ よく使う文章をわかりやすい読みで登録する

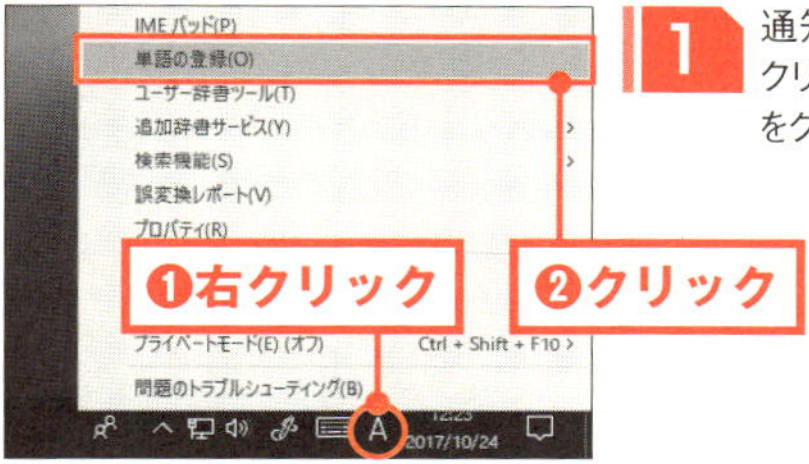

1 通知領域にある入力モードを右クリックして❶、「単語の登録」をクリックする❷。

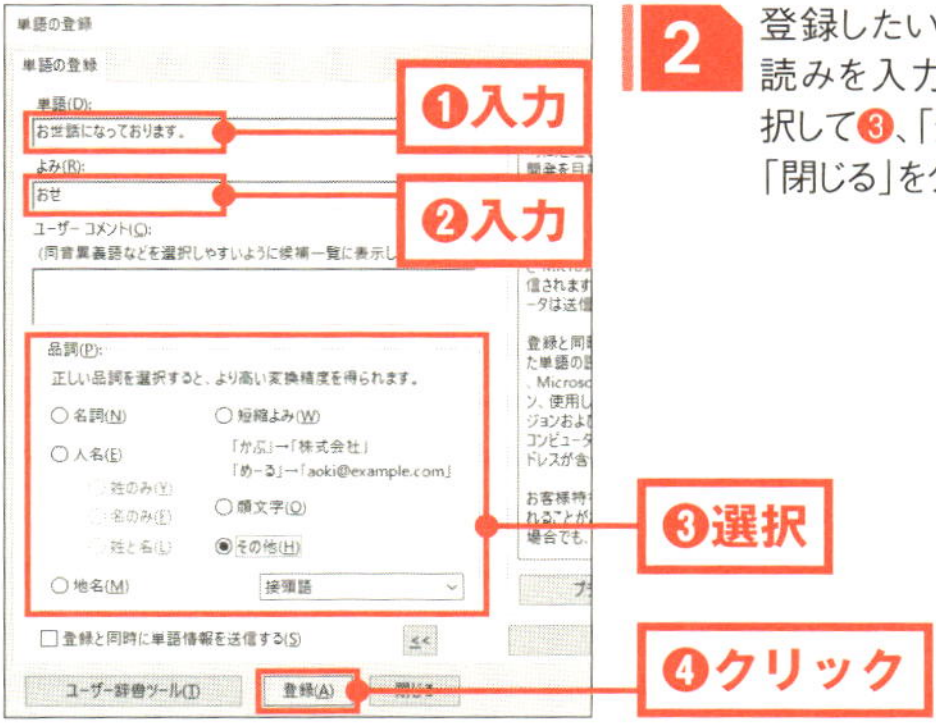

2 登録したい文章を入力して❶、読みを入力する❷。品詞を選択して❸、「登録」をクリックし❹、「閉じる」をクリックする。

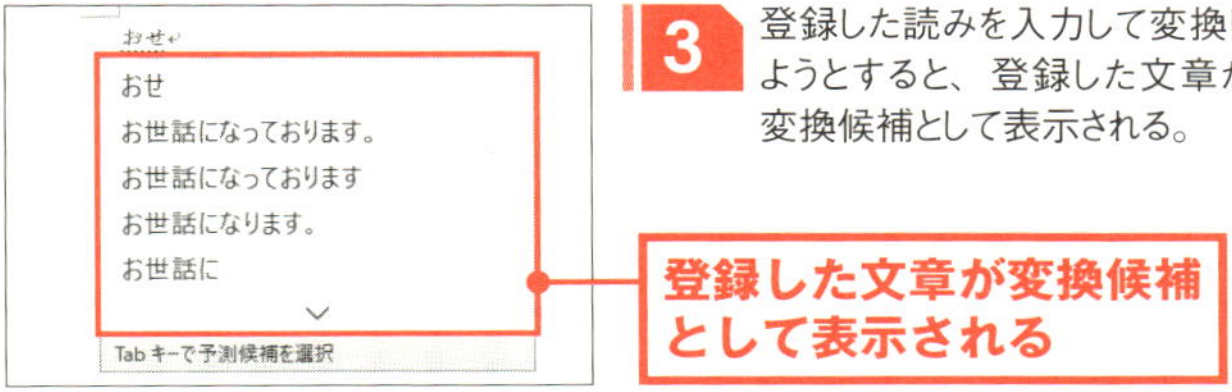

3 登録した読みを入力して変換しようとすると、登録した文章が変換候補として表示される。

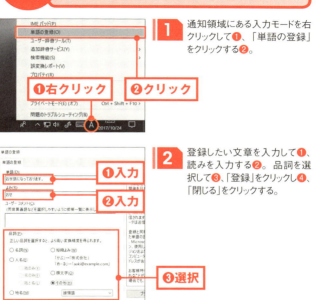

COLUMN

コラム 1

会社のパソコンの利用ルールを知っておく

会社のパソコンなどは、担当部署が管理しているのが一般的だ。機器ひとつひとつに番号が付され、社内の誰に支給されているのかなど、詳細に管理され、機器の取り扱いやセキュリティに関する規則などが定められている。営業などで社外へ持ち出して使用する機器も同様だ。会社から貸与される機器を使用する場合は、これらの規則を厳重に守って利用しよう。以下に、会社のパソコンを利用するうえでの注意事項の例を挙げておく。実際どういった規則があるか、会社の機器を利用する前に担当者に確認しておこう。

- 持ち出し可能なノートパソコンやモバイル機器などは、ログインパスワードを設定して、他人が利用できないようにする。
- 持ち出すパソコンに会社の機密情報や個人情報を保存しない。
- 持ち出すパソコンに保存するファイルは暗号化する。
- 業務に関するフリーソフトのインストールは基本的に OK とするが、ウイルスに厳重注意する。
- 有償ソフトのインストールは、会社がライセンスを保有するものに限って OK。
- インターネットの閲覧は業務に必要なもの以外は極力控える。
- メモリの増設、HDD の交換、パソコンの改造は禁止。
- 機器に何らかの異常を感じた場合は担当者に報告する。

第2章

メール編

メールを使うときのマナー＆最新常識

メール

019

メール作成に必要な5つの要素を知る

仕事で使うメールでは、ビジネスマナーが重視される。相手に失礼のないように、文面に気を付けよう。

ビジネスメールのメッセージ欄の構成要素は、**宛名**、**あいさつ**、**名乗り**、**本文**、**署名**の5つに大きく分類できる。

まず、宛名は、会社名、部署、役職などを入れて、名前には敬称（様）を付ける。何度かやりとりが続く場合は、部署などは外してもよいだろう。

あいさつは、一般に「いつもお世話になっております。」など、必要最小限の文章でOK。

名乗りは、会社名と氏名だけでよいだろう。

本文は、**要旨**、**詳細**、**結び**で構成される。用件をわかりやすく、簡潔に表現すること。本文の最後には、「よろしくお願いいたします。」などと礼節を重視して、丁寧な言葉で結ぶ。

最後に、会社名、部署、名前、連絡先などを記載した署名を挿入する。

ここがポイント! 宛名、あいさつ、名乗り、本文、署名で簡潔なメールを心がける

宛名

株式会社クイックパワー
第二営業部部長
中道宗典様

あいさつ

いつもお世話になっております。

名乗り

ステップアップ企画の羽生です。

本文

要旨

次回の夏季カタログ企画会議の打ち合わせですが、
以下の日時に決定いたしましたので、ご連絡いたします。

詳細

・日時　4月18日（水）　14時～16時
・場所　弊社3階　会議室B
・議題　夏季キャンペーンカタログの内容について

結び

以上となります。
ご多忙とは存じますが、よろしくお願いいたします。

署名

株式会社ステップアップ企画
企画部　羽生侑生
〒162-0000 東京都新宿区市谷佐内町1-1-1
TEL 03-3513-0000　FAX 03-3513-0000
Mail　y_hanyuu@example.com

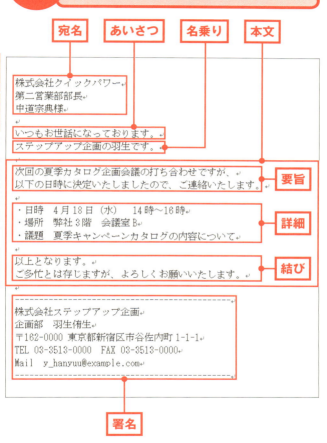

メール

020

メールはテキスト形式で送る

メールの形式には、**ＨＴＭＬ（リッチテキスト）形式**と**テキスト形式**がある。ＨＴＭＬ形式では、文字の大きさや色、背景色などを設定したり、メール内に画像を挿入したりして、見栄えのするメールを作成することができる。一方、テキスト形式は文字のみで構成されたメールだ。**ビジネスメールではテキスト形式を使用**しよう。

ビジネスメールはスピードと効率が重視されるので、メッセージを装飾する必要はない。また、相手のメールアプリがＨＴＭＬ形式に対応していないと、内容が正しく表示されない。セキュリティの面でも敬遠されることが多い。

なお、オフィスに搭載されているアウトルックでは、初期設定のままだとＨＴＭＬ形式のメールが作成されるので、最初に変更しておこう。

ここでは、アウトルックで作成するメールを常にテキスト形式に設定する方法を紹介する。

ここがポイント! メールをテキスト形式に設定する

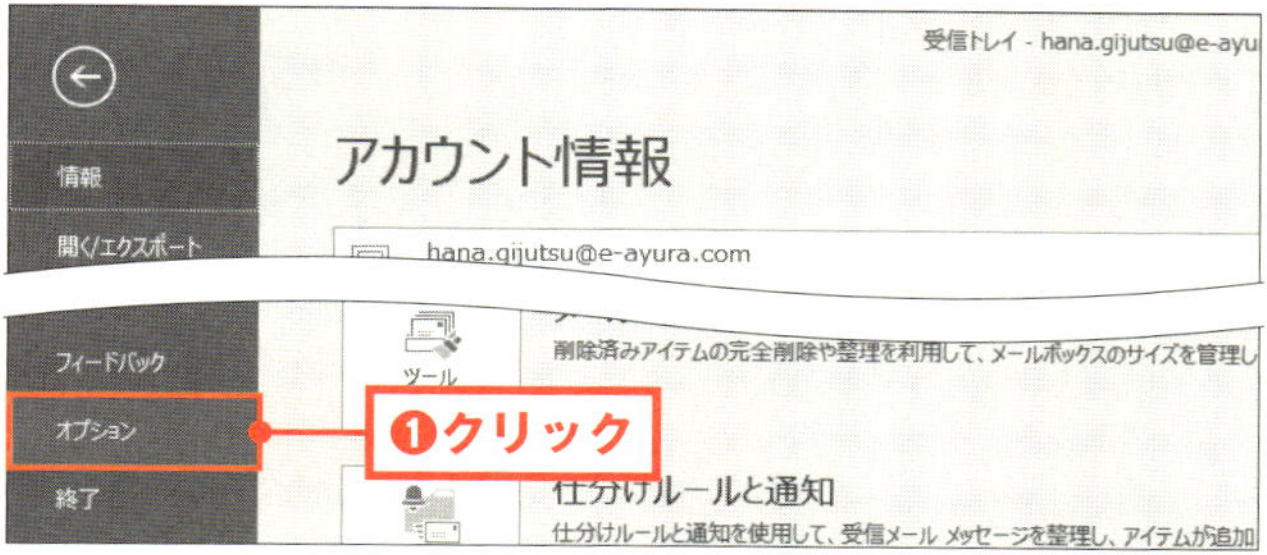

1 アウトルックの「ファイル」タブをクリックして、「オプション」をクリックする❶。

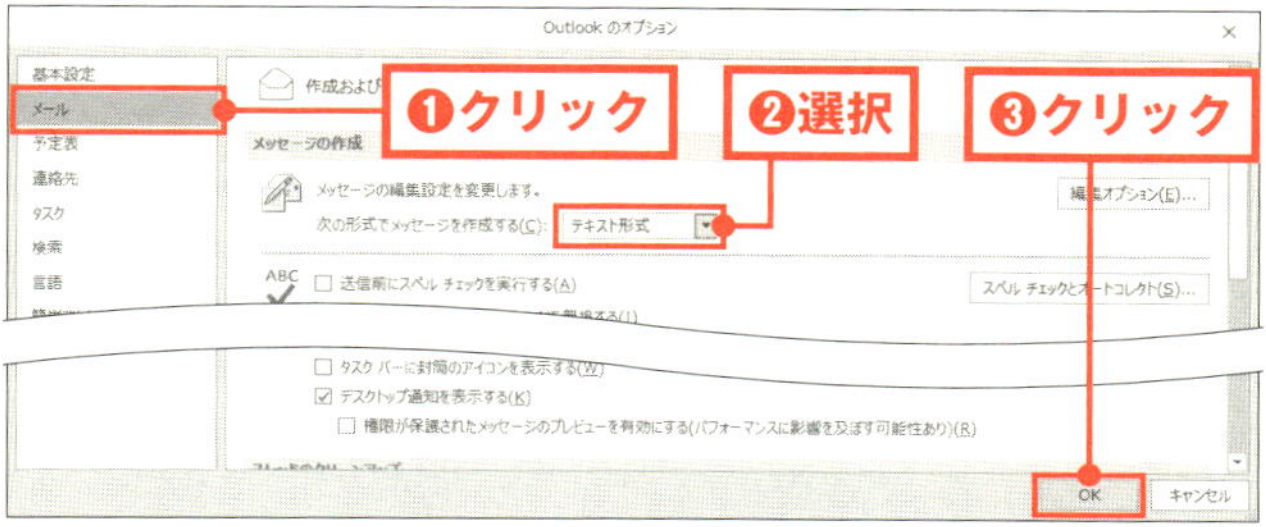

2 「メール」をクリックして❶、「次の形式でメッセージを作成する」で「テキスト形式」を選択し❷、「OK」をクリックする❸。

★One Point !★

メールの作成時にテキストメールに変更することも可能だ。新規メッセージウィンドウの「書式設定」タブをクリックして、「テキスト」をクリックすると変更できる。

メール

021

メールの件名は具体的に内容がわかるものにする

メールアプリを起動して、最初に目にするのは新規メールの送信者と件名だ。通常は、件名で優先順位を決めて、そのメールを読むかどうかを判断する。

件名の内容がわかりにくいと、優先順位が後回しにされたり、見落とされる可能性がある。

相手がメールを開かなくてもわかるように、**件名は本文の内容を簡潔にわかりやすく**書こう。あとからメールを検索したり、見つけやすくするためにも、件名の内容は重要だ。

「ご連絡」「お知らせ」などといった件名では、無視されても文句はいえない。「〇〇の納品先の件でご連絡」「次回打ち合わせの時間の件」など、用件を具体的に示すことが大切だ。

ただし、長い件名だと受信リストに表示される際に、後半部分が省略されてしまうことが多い。**件名は短く**するか、**先頭部分に重要な要素**を入れるようにするとよいだろう。

ここがポイント！ 件名は必須！ 用件がわかる短めのものにする

▼件名のよい例

- サマーフェスタ開催のお知らせ
- 4/3（火）展示会打ち合わせの件
- 次回打ち合わせ日程変更のお願い
- 展示会開催のご案内
- 納期のご報告
- 新規プロジェクトご提案の件
- 4/6本日の確認です
- 新規取引のお申し出ありがとうございます
- 会食のお礼
- 展示会のご案内ありがとうございます

OK

▼件名の悪い例

NG

- お知らせ
- 打ち合わせの件
- お願い
- ご案内
- ご報告
- ご提案
- ご確認
- ありがとうございます
- お礼
- ご無沙汰しております

★One Point！★

メールの件名は必ず入力すること。件名がないメールは、マナー違反であるだけでなく、迷惑メールとして処理されてしまう場合もある。アウトルックなどのアプリでは、件名を入力せずにメールを送信しようとすると、確認のメッセージが表示されるので、入力し直そう。

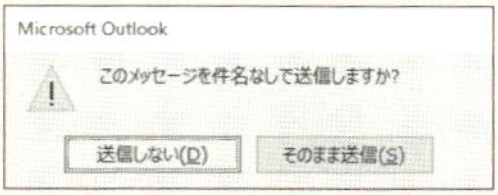

メール

022

相手の会社名は正式名称を入力する

ビジネスメールの最初には宛名を入力する。まずは、相手の「会社名」を入力する。原則として**会社名は省略せずに正式名称**を入力する。

たとえば、「株式会社　技術研究社」の場合、「(株)技術研究社」や「技研」などと略称にするのは失礼にあたる。また、株式会社や有限会社などが社名の前か後ろかも間違えないように注意しよう。

ただし、カタカナで長い社名の場合などは、アルファベットで略して通用する会社もある。会社自身が表示しているような場合は、略してもかまわない。

次に、「部署名」「役職名」の順に入力する。原則として部署名も省略してはいけない。最後に**「氏名」をフルネーム**で入力し、後ろに「様」「先生」、宛名が部署などの場合は「御中」などの**敬称**を入れる。

なお、社内向けメールでの宛名は、「○○課長」「○○様」「○○さん」などと記載するのが一般的だ。

ここがポイント! 会社名は省略しない 氏名は敬称に注意

▼社外向けメールの例

株式会技クイックパワー
第二営業部部長　中道宗典様

会社名、部署名、役職名、氏名、敬称を入れる。

株式会技クイックパワー
商品開発部御中

個人を特定しない複数の相手を対象とする場合は「御中」を使う。

▼社内向けメールの例

商品企画部　萩原部長

社内メールの場合は、役職がある上司に対しては「○○部長」のように役職名を付ける。役職がない人に対しては「○○様」「○○さん」などとする。

営業部各位

部署全体に送るメールの場合は、送っている範囲がわかるようにして、「各位」などを付ける。

★One Point !★

宛名を入力する際に「株式会社クイックパワー 中道宗典部長様 」のように入力することがあるが、役職自体に敬称の意味も含んでいるので、二重敬称になってしまう。役職名は氏名の前に付け、氏名のあとに敬称を入力するようにしよう。

メール

023

社外は「お世話になります」、社内は「お疲れさまです」であいさつする

メールの本文の書き出しはあいさつから始める。ビジネスメールでは、手紙のような「拝啓　時下ますますご清栄のこととお慶び申し上げます」といった冒頭文は不要だ。相手が社外の人か社内の人かや、**相手との関係などを考慮しながら、失礼のない簡素なあいさつ文**を心がけよう。

社外の人に送る場合は「(いつも)お世話になっております。」が一般的だ。相手との関係に応じて、どういったあいさつをするべきかを考えよう。社内の人に送る場合は「お疲れさまです。」とあいさつする。ただし、急いでいる場合などは省略してもかまわない。

初めての相手に送る場合は、「はじめてご連絡差し上げます。」「突然のメールで失礼いたします。」などと、初めて連絡する旨を伝えることが礼儀だ。紹介者がある場合は、「株式会社○○の△△様よりご紹介いただきました〜」などと、誰からの紹介なのかを明記すること。

ここがポイント! あいさつの常套句を覚えておく

▼一般的なあいさつ文の例（社外）

- お世話になっております。
- いつもお世話になっております。
- いつも大変お世話になっております。
- 先日は、ありがとうございました。
- 早速のご連絡ありがとうございます。

相手との関係やつながりを考慮しながら失礼のないあいさつ文を入れる。

▼一般的なあいさつ文の例（社内）

お疲れさまです。

社内では「お疲れさまです。」が暗黙のルールだが、急いでいる場合など状況によってはなくてもかまわない。

▼初めての相手に送る場合

- はじめてご連絡差し上げます。
- 突然のメールで失礼いたします。

初対面であることがわかるあいさつ文を入れる。

株式会社○○の△△様よりご紹介いただきました〜

紹介者がある場合は、あいさつとともにその旨明記する。

メール

024

「何を、いつ、どうしてほしいのか」をはっきり伝える

ビジネスメールは、簡潔で読みやすい文章を心がけ、あいまいでまわりくどい表現は避けよう。だらだらと長い文章では、用件を理解するのに時間がかかる。

そのためには、1つのメールで送信する情報量を少なめにすることが大切だ。**必要な用件だけを的確にまとめる**ことで、こちらの伝えたいことが相手により伝わりやすくなる。

また、**1つのメールには、1つの用件**を基本としよう。1つのメールに複数の用件があると、何を伝えたいのかがわかりにくくなり、誤解や間違いのもとになる。用件が2つ以上ある場合は、メールを分けて、それぞれに件名を変えて送信しよう。その際は、最初に改めてメールを送る旨の断りを入れておくとよい。

また、**あいさつ文のあとに、まず結論**を述べることもビジネスメールでは必要だ。簡潔に結論を述べ、それから詳細を伝えることで、何に対してのメールなのかが明確になる。

ここがポイント! 用件を効率よく伝える

▼1つのメール用件は1つにする

NG

> ○○製品のプレゼンテーションを作成するにあたって、打ち合わせを行います。
> ○月○日の午後○時から、当社会議室にお越しいただきたいのですがよろしいでしょうか？
> ご都合が悪いようでしたら、よい時間帯をご連絡ください。
>
> また、△△展示会の件ですが、資料を添付させていただきます。不足しているようでしたら、追加でお送りいたしますので、ご連絡ください。

1つのメールには複数の用件を記述しない。伝えたいことがわかりにくくなってしまう。

▼簡潔に要点を伝える

（何を）	○○製品のプレゼンテーションを作成するにあたって、打ち合わせを行います。
（いつ）	▽月△日（◇曜日）の午後□時から、
（どうしてほしいのか）	当社会議室にお越しいただけますよう、お願いいたします。

メールの本文では、「何を、いつ、どうしほしいのか」「いつ、何を、どうしたいのか」などがきちんと伝わるように記述する。

▼結論を先に述べる

- △月▽日の○○プロジェクトの打ち合わせの件～
- ご案内いただいた新製品発表会の件～

簡潔に結論を述べてから詳細を伝えることがビジネスメールでは必要。

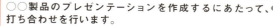

メール

025

本文は1行20～26文字程度にする

メールアプリでは、通常、手動で改行しない限り、適切な場所では改行されない。1行の文章が長いと読みにくく、見栄えもよくないので、**適当な位置で改行**しよう。

文字を改行するときは、メールアプリに設定されている送信時に自動的に折り返す文字数の位置に注意すること。アウトルックでは、1行あたりの文字数が半角76文字（全角38文字）を超えると、自動的に改行されるように設定されている。

そのため、入力時に40文字目で改行すると、相手側では38文字目で改行され、さらに残りも2文字だけで再び改行されてしまうことになる。文章を改行する場合は、これを考慮し、1行20～26文字程度を目安にして、読みやすいと思う文字数で改行するとよいだろう。

なお、本文は**適度に行間を空ける**と読みやすくなる。話の流れにもよるが、3～4行程度で段落を変えて、空白行を入れるとよい。

ここがポイント! 読みやすい位置で改行する

NG

株式会社さくら商事
営業部　高良田丈太様

いつもお世話になっております。株式会社オリエントの佐々木です。

昨日、ご連絡いただいた打ち合わせの日程の件でご相談させてください。4月16日
（月）は、あいにく出張予定が
入っており、お伺いすることができません。
つきましては、月末でご多忙とは存じますが、以下のいずれかでお願いできますでしょ
うか？
ご検討のうえ、ご返信いただけますよう、よろしくお願いいたします。

・4月23日（月）　15:00～17:00
・4月24日（火）　午後
・4月26日（木）　午後

1文が長すぎると、一定の文字数で自動的に改行されてしまい、文章が不自然なところで区切れてしまう。また、1段落あたりの行が多いと読みにくくなる。

OK

株式会社さくら商事
営業部　高良田丈太様

いつもお世話になっております。
株式会社オリエントの佐々木です。

昨日、ご連絡いただいた打ち合わせの日程の件ですが、
4月16日（月）は、あいにく出張予定が入っており、
お伺いすることができません。

つきましては、月末でご多忙とは存じますが、
以下のいずれかでお願いできますでしょうか？

・4月23日（月）　15:00～17:00
・4月24日（火）　午後
・4月26日（木）　午後

ご検討のうえ、ご返信いただけますよう、
よろしくお願いいたします。

本文は適宜改行し、3行程度で段落を変えて余白を入れる。

メール

026

連絡事項は箇条書きにまとめる

ビジネスメールでは、用件を簡潔に、わかりやすい文章で伝えることが求められる。連絡事項や用件が複数ある場合、本文中にすべて記述すると文章が長くなり、相手に理解してもらうのが難しくなる。

打ち合わせの日時や場所、打ち合わせの内容など、伝えたいことが複数ある場合は、１つ１つを**箇条書き**にすると、用件を明確に伝えることができる。また、複数の提案事項や質問事項などがある場合も、箇条書きにすると読みやすく理解しやすくなる。

なお、文章を箇条書きにする場合は、**文章と箇条書きの間を1行空ける**と読みやすくなる。

ただし、文章をすべて箇条書きにすると、冷たい印象を与えることもある。「お打ち合わせは、下記のとおりです。」「ご多忙中とは存じますが、ご出席よろしくお願いいたします。」など、内容に応じた丁寧な言葉を添えるとよいだろう。

ここがポイント！ 箇条書きを使って簡潔にする

▼箇条書きを使っていないメール

株式会社クイックパワー
第二営業部部長
中道宗典様

いつもお世話になっております。
ステップアップ企画の羽生です。

次回の夏季カタログ企画会議の打ち合わせですが、
4月18日水曜日の14時～16時に、弊社3階の会議室Bで行います。
夏季キャンペーンカタログの内容について打ち合わせをしたいと思います。
ご多忙とは存じますが、よろしくお願いいたします。

本文中に伝えたいことをすべて記述すると、連絡事項が本文に紛れてしまい、相手に理解してもらうのが難しくなる。

▼箇条書きを使ったメール

株式会社クイックパワー
第二営業部部長
中道宗典様

いつもお世話になっております。
ステップアップ企画の羽生です。

次回の夏季カタログ企画会議の打ち合わせですが、
以下の日時に決定いたしましたので、ご連絡いたします。

・日時　4月18日（水）　14時～16時
・場所　弊社3階　会議室B
・議題　夏季キャンペーンカタログの内容について

以上となります。
ご多忙とは存じますが、よろしくお願いいたします。

箇条書きにすると、用件を明確に伝えることができる。文章と箇条書きの間を1行空けると読みやすくなる。

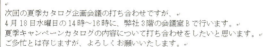

メール

027

本文の終わりは結びの言葉で締める

ビジネスメールにおける結びの**あいさつ文**は、本文を引き立てたり、気持ちを伝えたりするうえで重要な役割を持っている。メールの最後にあいさつ文がないと、中途半端で冷たい印象を与えてしまう。

また、最後に締めることで、本文が終わりだということもわかりやすくなる。結びのあいさつ文は忘れずに付けよう。

通常は「よろしくお願いいたします。」が一般的だ。このあいさつ文は、メールの内容によらず、どのメールにも使用できる便利な言葉だ。

ただし、初めての取引先へのメールや、取引先に協力を仰いだり、無理をお願いしたりといったメールの場合は、**内容によってあいさつ文を変える**のが礼儀だ。「お忙しいところ誠に恐縮ですが、どうぞよろしくお願いいたします。」「大変勝手ではございますが、よろしくお願いいたします。」などと、相手の気持ちを考慮した言葉を選び、相手によい印象を残しておこう。

ここがポイント!

文章は気持ちよく終わらせる

▼検討を依頼する結びの言葉

- ご検討のほど、よろしくお願いいたします。
- ご検討のうえ、ご返事いただけますようお願いいたします。
- ご検討くださいますようお願い申し上げます。

相手の意向を確かめる際や、検討を依頼した際などに利用する。

▼連絡を期待する結びの言葉

- お返事お待ちしております。
- ご連絡いただけますと幸いです。
- ご連絡をお待ち申し上げております。

連絡が付かない相手や、回答を希望する際などに利用する。

▼簡潔に終わらせるメールの結びの言葉

- 取り急ぎご連絡申し上げます。
- まずは用件のみにて失礼いたします。
- 取り急ぎ、ご報告まで。

頻繁にメールをやりとりする相手に対して、手短に内容を伝える際に利用する。

▼返信が不要なメールの結びの言葉

- なお、ご返信は不要です。
- ご確認いただければ、ご返信は無用です。

返信不要のメールを送った際は、その旨を伝えるのが親切。

028

メールには必ず署名を入れる

ビジネスメールでは、メールの最後に**署名**を入れるのが必須だ。署名は、**メールを受け取った相手に連絡先を伝える**ための有効な手段だ。名刺代わりに使うこともできる。

ほとんどのメールアプリには、**署名を作成して登録**する機能が付いている。一度登録しておけば、メールの作成時に自動的に入力されるようになる。

署名には、会社名、部署、役職、名前、連絡先など、**名刺にある情報をすべて入れておく**とよいだろう。読みにくい名前の場合は、ひらがな、あるいはローマ字で読みを付けておくとよい。

また、署名には、本文との区切りがわかるように、上下に罫線や記号などで飾りを入れるとよい。ただし、あまり派手にならないように注意すること。

なお、メールは知らない人が読む可能性がある。第三者に知られては困る個人の携帯電話番号などは入力しないように注意しよう。

ここがポイント！ 署名を登録して自動入力する

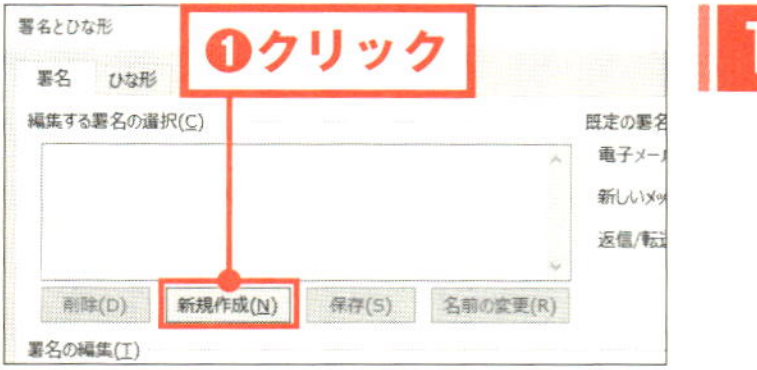

1 アウトルックで「ファイル」タブ→「オプション」→「メール」→「署名」の順にクリックして、「新規作成」をクリックする❶。

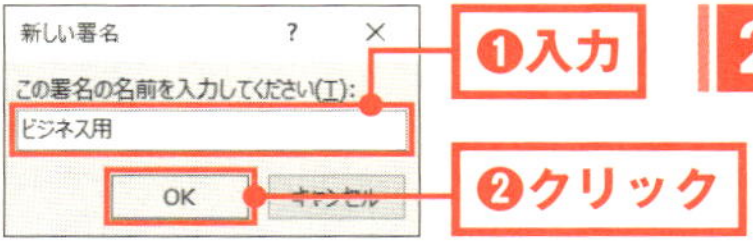

2 署名の名前を入力して❶、「OK」をクリックする❷。

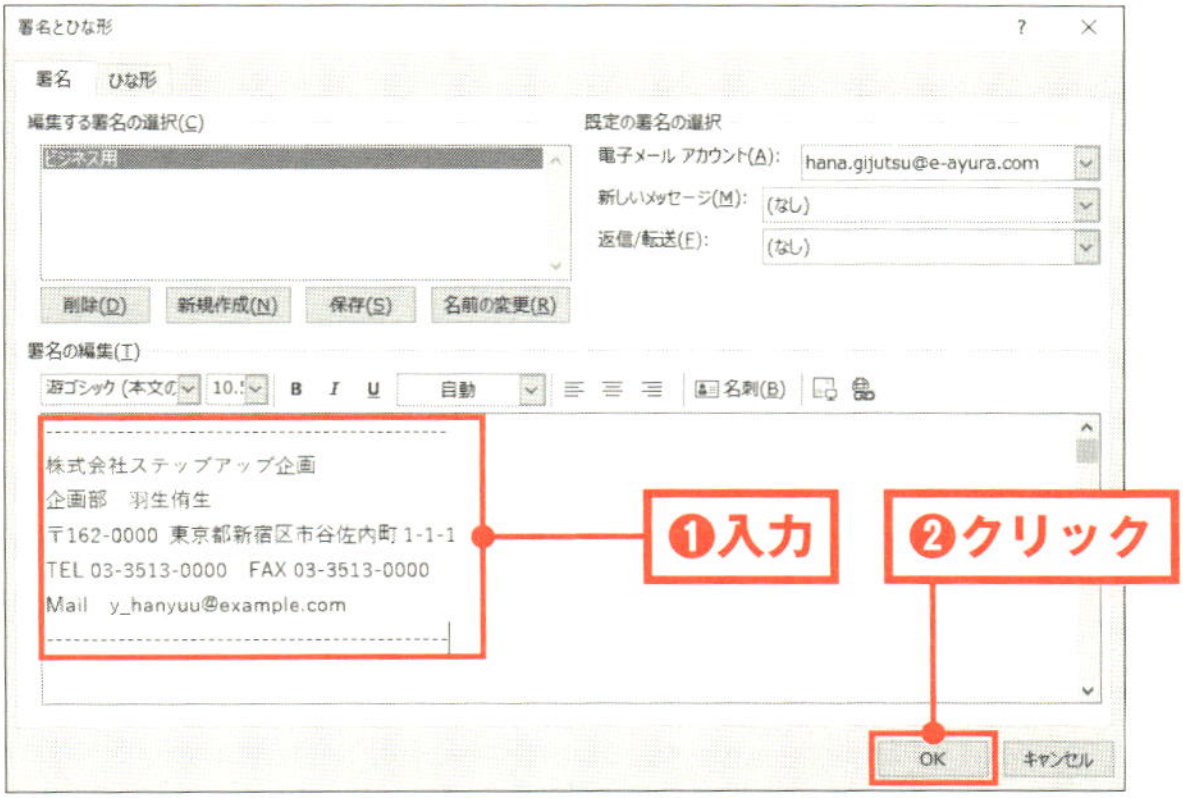

3 会社名、名前、連絡先など、必要な項目を入力して❶、「OK」をクリックする❷。本文との区切りがわかるように、上下に罫線や記号などで飾りを入れるとよい。

メール

029

機種依存文字は使わない

機種依存文字とは、コンピューターの機種や環境（WindowsかMacか）によって表示が変わってしまう文字のことをいう。①②などの丸付き数字や、ⅠⅡなどのローマ数字、㎡、㈱などの記号が機種依存文字にあたる。

これらの文字を使用してメールを送信すると、相手によっては**文字化け**して、メールのやりとりが正しくできない恐れがあるので、ビジネスメールでは**機種依存文字は使用しない**こと。

たとえば、Windowsで「①」を使った場合、Macではその箇所は「㈰」と表示されてしまう。これは、機種によって割り当てられた文字コードが違うことによって起こる。

機種依存文字を避けるには、キーボードから直接入力できない文字は使わないほうが無難だろう。また、文字を変換する際に表示される変換候補の一覧に「環境依存」と表示されている文字は、機種依存文字だ。

ここがポイント! 機種依存文字は文字化けの原因になる

▼機種依存文字の例

①	②	③	④	⑤	⑥	⑦	⑧	⑨	⑩		
⑪	⑫	⑬	⑭	⑮	⑯	⑰	⑱	⑲	⑳		
Ⅰ	Ⅱ	Ⅲ	Ⅳ	Ⅴ	Ⅵ	Ⅶ	Ⅷ	Ⅸ	Ⅹ		
㈱	㈲	㈹	㍾	㍽	㍼	㍻					
㏍	℡	№	㊤	㊥	㊦	㊧	㊨				
㎜	㎝	㎞	㎎	㎏	㏄	㎡					
㍉	㌢	㌔	㍍	㌘	㌧	㌃	㌶	㍑	㍗	㌍	㌦
∑	∟	∮	⊿	€							

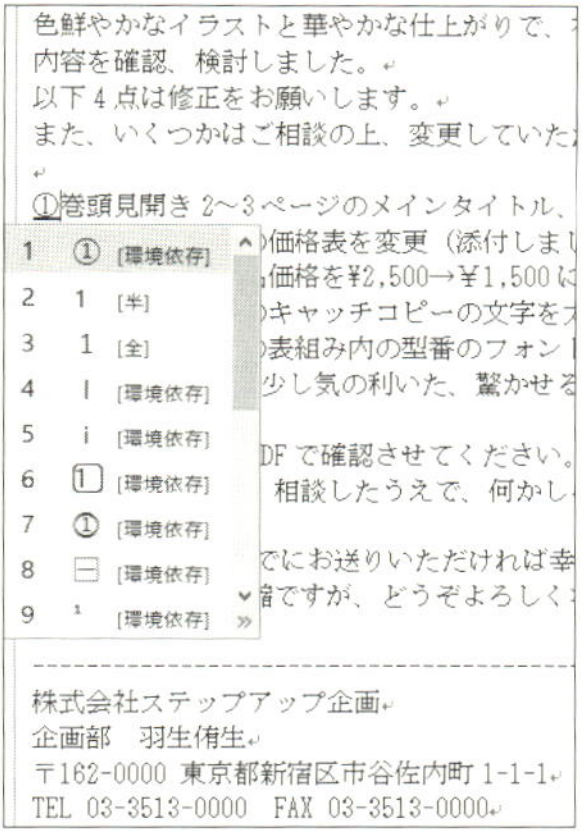

色鮮やかなイラストと華やかな仕上がりで、
内容を確認、検討しました。↵
以下4点は修正をお願いします。↵
また、いくつかはご相談の上、変更していた
↵
①巻頭見開き2～3ページのメインタイトル、
価格表を変更（添付しまし
価格を¥2,500→¥1,500に
キャッチコピーの文字を
表組み内の型番のフォント
少し気の利いた、驚かせる
DFで確認させてください。
相談したうえで、何かし
でにお送りいただければ幸
縮ですが、どうぞよろしく

1	①	[環境依存]
2	1	[半]
3	1	[全]
4	Ⅰ	[環境依存]
5	ⅰ	[環境依存]
6	1	[環境依存]
7	①	[環境依存]
8	一	[環境依存]
9	¹	[環境依存]

株式会社ステップアップ企画↵
企画部　羽生侑生↵
〒162-0000 東京都新宿区市谷佐内町1-1-1↵
TEL 03-3513-0000　FAX 03-3513-0000↵

変換候補で「環境依存」と表示されているのが機種依存文字だ。

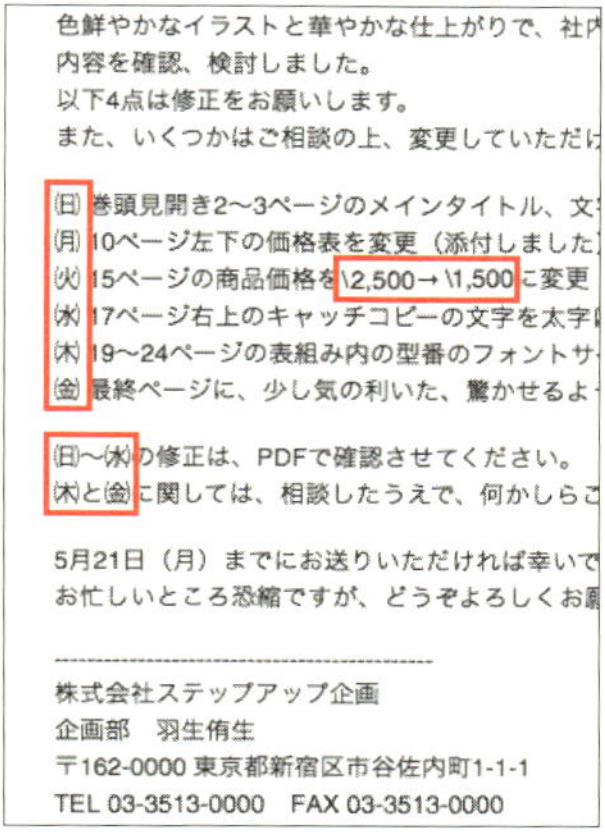

色鮮やかなイラストと華やかな仕上がりで、社内
内容を確認、検討しました。
以下4点は修正をお願いします。
また、いくつかはご相談の上、変更していただけ

㈰巻頭見開き2～3ページのメインタイトル、文
㈪10ページ左下の価格表を変更（添付しました
㈫15ページの商品価格を\2,500→\1,500に変更
㈬17ページ右上のキャッチコピーの文字を太字
㈭19～24ページの表組み内の型番のフォントサ
㈮最終ページに、少し気の利いた、驚かせるよ

㈰～㈬の修正は、PDFで確認させてください。
㈭と㈮に関しては、相談したうえで、何かしらご

5月21日（月）までにお送りいただければ幸いで
お忙しいところ恐縮ですが、どうぞよろしくお願

株式会社ステップアップ企画
企画部　羽生侑生
〒162-0000 東京都新宿区市谷佐内町1-1-1
TEL 03-3513-0000　FAX 03-3513-0000

①②③……が㈰㈪㈫……に、¥が\に文字化けしている（WindowsからMacへメールを送信した例）。

メール

030

顔文字や絵文字は使わない

携帯メールを使い慣れていると、**顔文字や絵文字**を使うクセが付いているので、つい使いたくなってしまうが、**ビジネスメールではNG**だ。相手に不快感を与えたり、不謹慎ととられかねない。

社内メールの場合も、上司など相手によっては非常識と思われるので、使用しないことが賢明だ。

顔文字や絵文字を使わなくても、微妙な感情を伝えられるように、しっかりとした文章力を身に付けよう。

署名の区切りなどに顔文字や絵文字を使用している人もいるが、これも相手によっては不愉快に感じる場合もあるのでやめたほうがよい。

また、特殊な文字ではないが、「！」の多用にも気を付けよう。「よろしくお願いします!!!」などと、自分は感情を込めているつもりでも、受け手側には印象がよくない場合がある。「！」は緊急や危険など、注意を喚起するような場面で使うのがよいだろう。

ここがポイント! ビジネスの世界は言葉で勝負

NG

惟工房
鷹津様

お世話になっております。
ステップアップ企画の羽生です。

昨日は、お招きいただき、ありがとうございました!!!

美味しいお食事とともに、
楽しい時間を過ごすことができました(^^♪ ← **顔文字**
貴重なお話を伺ったうえに、
すっかりごちそうになってしまい恐縮しております。
機会がございましたら、ぜひお返しさせてください(^^)v

またお会いできるのを楽しみにしております!!! ← **「!」の多用**
✎--
株式会社ステップアップ企画
企画部　羽生侑生
〒162-0000 東京都新宿区市谷佐内町 1-1-1
TEL 03-3513-0000　FAX 03-3513-0000
✉ y_hanyuu@example.com
--✎ ← **絵文字**

ビジネスメールでは絵文字や顔文字は使わない。「!」の多用にも気を付けよう。

機会がございましたら、ぜひお返しさせてください(^^)v

またお会いできるのを楽しみにしております!!!
@--
株式会社ステップアップ企画
企画部　羽生侑生
〒162-0000 東京都新宿区市谷佐内町1-1-1
TEL 03-3513-0000　FAX 03-3513-0000
* y_hanyuu@example.com
--?

パソコン環境によっては、絵文字が文字化けして表示されない(WindowsからMacへメールを送信した例)。

★One Point!★

メールでは、半角カタカナも使用しないほうがよいだろう。半角カタカナは機種依存文字ではないが、メールで文字化けが発生する可能性がある。

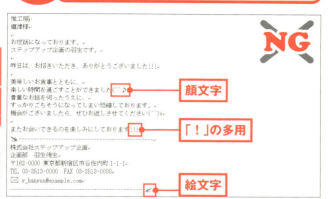

メール

031

重要事項は記号や罫線で目立たせる

ビジネスメールでは、1文を短くしたり、適宜段落を変えたり、箇条書きを活用したりして、効率よく用件が伝わるようにすることが大切だ。とくに重要な用件がある場合は、目立たせるための工夫が必要だ。

しかし、テキスト形式が基本のビジネスメールでは、ワードのように文字のサイズを大きくしたり、文字色を付けたり、太字にしたりすることができない。

そこで、重要事項を目立たせるために、**記号を活用**しよう。文章の先頭に「●」「■」などを付けたり、項目の上下を「-」「*」「#」などで挟んだりすると強調され、よりわかりやすくなる。

たとえば、「-」（半角）を20文字程度入力すると、**本文とは区別され、メリハリも付いて強調**される。「-」だけでなく、「*-*-*-」のように組み合わせてもよいだろう。

ただし、記号を付けすぎるとうるさくなるので注意が必要だ。

ここがポイント! 重要事項は区切りを目立たせる

NG

株式会社クイックパワー
第二営業部部長
中道宗典様

いつもお世話になっております。
ステップアップ企画の羽生です。

次回の夏季カタログ企画会議の打ち合わせですが、
以下の日時に決定いたしましたので、ご連絡いたします。

日時　4月18日（水）　14時～16時
場所　弊社3階　会議室B
議題　夏季キャンペーンカタログの内容について

以上となります。
ご多忙とは存じますが、よろしくお願いいたします。

重要事項を単に箇条書きにした例。

OK

株式会社クイックパワー
第二営業部部長
中道宗典様

いつもお世話になっております。
ステップアップ企画の羽生です。

次回の夏季カタログ企画会議の打ち合わせですが、
以下の日時に決定いたしましたので、ご連絡いたします。

●日時　4月18日（水）　14時～16時
●場所　弊社3階　会議室B
●議題　夏季キャンペーンカタログの内容について

以上となります。
ご多忙とは存じますが、よろしくお願いいたします。

文章の先頭に記号を付けたり、上下を記号で挟んだりすると強調され、よりわかりやすくなる。

メール

032

CCとBCCを正しく使い分ける

複数の相手に向けてメールを送信したいとき、「宛先」に送り先全員のアドレスを入力する方法と、「ＣＣ」と「ＢＣＣ」を利用する方法がある。それぞれ機能が異なるので、**目的や用途に応じて使い分け**よう。

ＣＣ（カーボンコピー）は、本来の宛先の人とは別に、確認のため、参考までに、といった意味合いで、ほかの人にも同じ内容のメールを送信するときに使用する。ＣＣに入力した宛先は、メールを受け取った人全員に表示される。ＣＣは、相手先とのやりとりを上司にも伝えたいときや、プロジェクトのメンバーと情報を共有したいときなどに使うとよいだろう。

ＢＣＣ（ブラインドカーボンコピー）は、使い方はＣＣと同じだが、ＢＣＣに入力した宛先は、メールを受け取った相手には表示されない。ＢＣＣは、お互いに面識がない人たちに、同じメールを同時に送信したいときなどに使うとよいだろう。

ここがポイント! 相互にメールアドレスを伝えてよいかどうかを判断する

▼CCを利用する

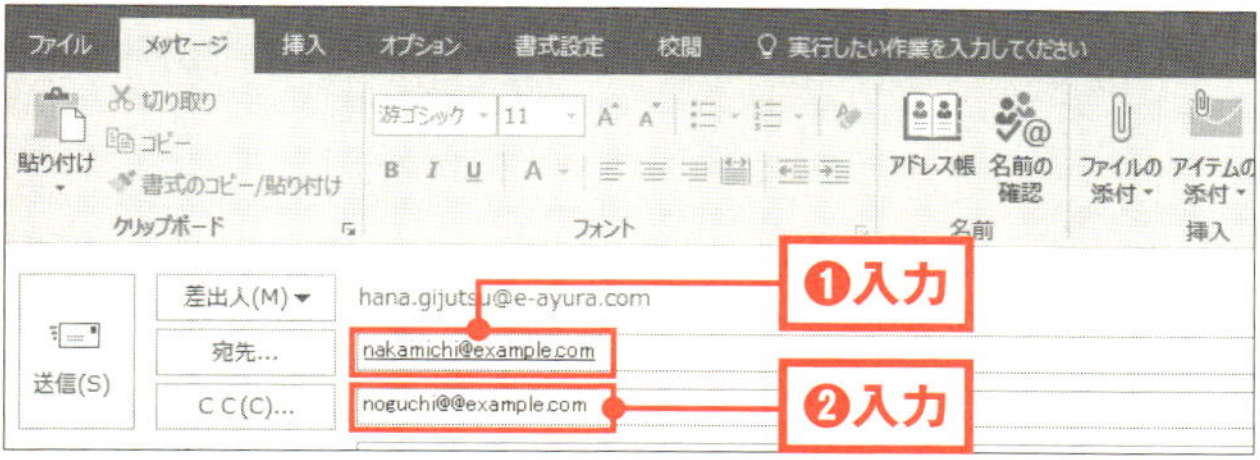

1 「宛先」には、メールを送りたい相手のメールアドレスを入力する❶。「CC」には、メールのコピーを送りたい人のメールアドレスを入力する❷。

▼BCCを利用する

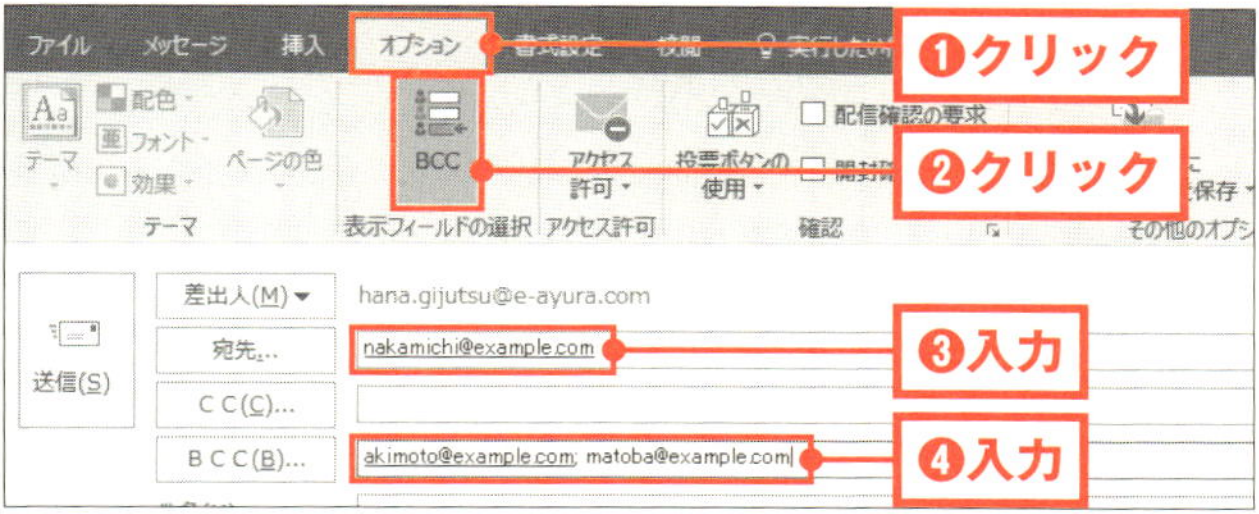

1 アウトルックの場合、初期設定では「BCC」欄は表示されていないので、新規メッセージウィンドウで「オプション」をクリックして❶、「BCC」をクリックし❷、表示させる。「宛先」にメールを送りたい相手のメールアドレスを入力して❸、「BCC」に、ほかの受信者には知られたくない送り先のメールアドレスを入力する❹。

メール

033

添付ファイルを送るときはその旨を記載する

メールには、画像、PDF、ワード、エクセルなどのファイルをメッセージといっしょに送る機能がある。このファイルのことを**添付ファイル**という。

ファイルを添付するときは、**ファイルを付けた旨とその内容をメールに記載**する。単にファイルを添付しただけでは、見逃されてしまう可能性がある。相手に確実にファイルを届けるためにも大切だ。

ただし、相手の環境によっては、添付ファイルを正しく表示できずに迷惑をかけることもあるので注意が必要だ。相手に初めて添付ファイルを送る場合は、そのファイルを開くアプリを持っているかどうかを事前に確認しよう。

また、アプリのバージョンの違いが原因で、ファイルを開くことができなかったり、バージョン特有の機能が無効になったりすることもある。バージョンを確認するか、ワードやエクセルなら「.doc」「.xls」などの汎用的な形式に変換して添付するとよいだろう。

ここがポイント!

添付ファイルがあることを本文に明記する

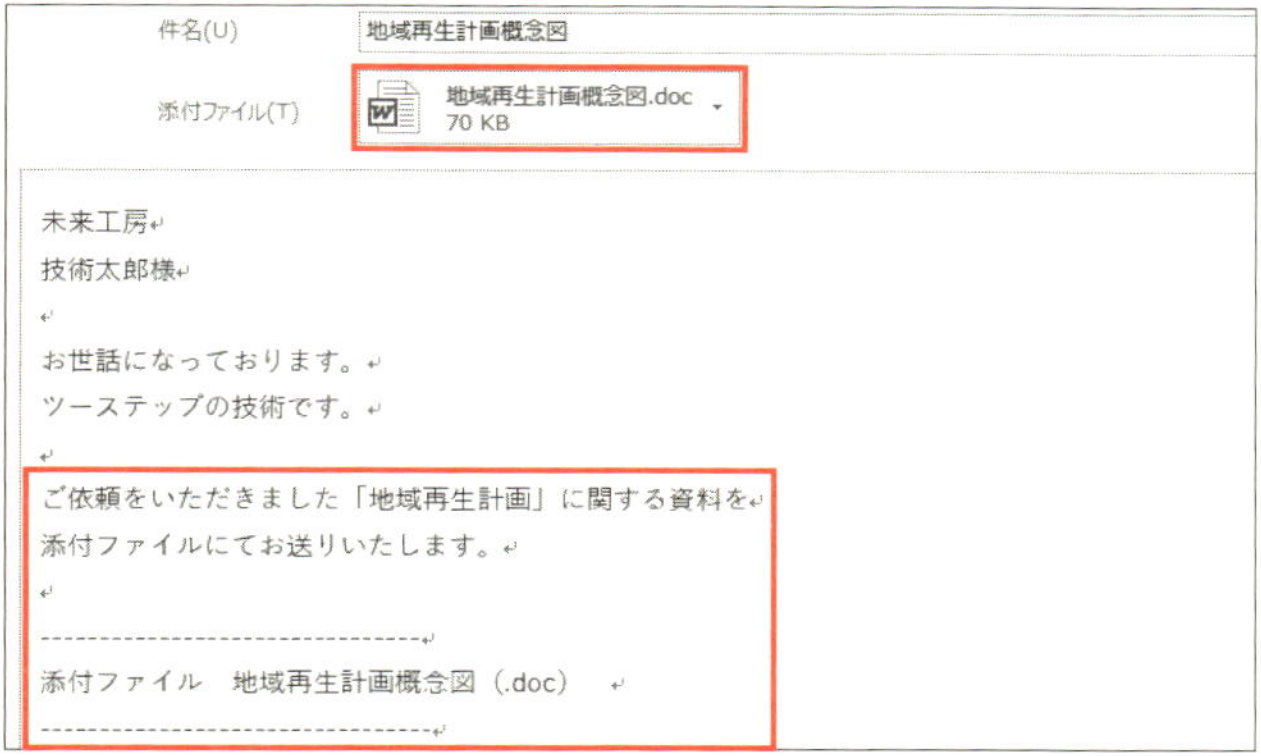

ファイルを添付するときは、ファイルを添付したことと、ファイル名、ファイル形式を記載する。

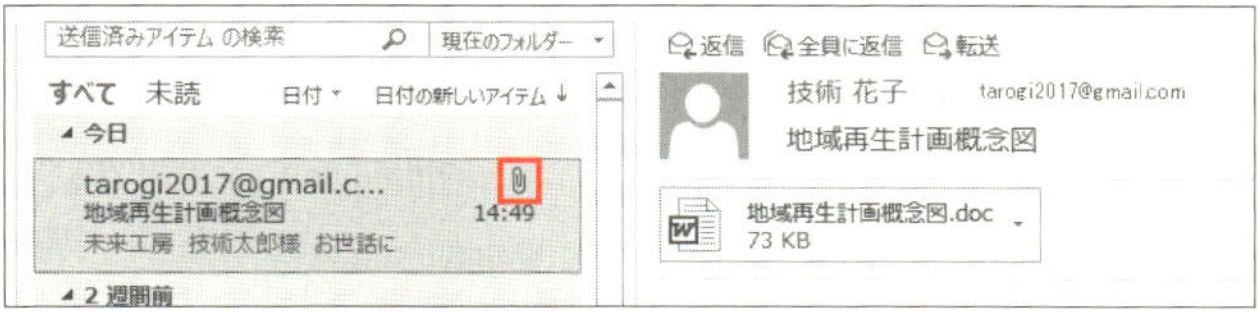

添付ファイルを送受信すると、メールに 📎 マークが付く。

★One Point !★

ワードやエクセルで保存形式を変更するには、「名前を付けて保存」ダイアログボックスの「ファイルの種類」で保存形式を選択して保存する。汎用的な形式に変換するには、「Word 97-2003文書」「Excel 97-2003ブック」を選択する。

メール

034

添付ファイルを送るときは容量に注意する

添付ファイルを送るときは、**ファイルの容量**に気を付けよう。プロバイダーが提供するメールサービスやＷｅｂメールなどによって異なるが、メールで送信できる容量には制限がある。

サイズが大きいファイルを送る場合は、あらかじめ相手に受信できるかを聞くのが基本だが、一般的に**２ＭＢ程度**までにしておくほうが無難だろう。それ以上の容量を仮にこちらが送信できても、相手が受信できなかったり、ダウンロードするのに時間がかかるなど、相手に迷惑をかける場合がある。

ワードなどで作成した文字だけのファイルの場合は数十ＫＢくらいにしかならないが、パワーポイントや画像ファイルなどはサイズが大きくなりがちなので注意が必要だ。ファイルの容量はエクスプローラーで確認できるので、容量が大きい場合は、ファイルを圧縮するか（84ページ参照）、クラウドサービス（170ページ参照）を利用するとよい。

ここがポイント!

添付するファイルの容量を確認する

▼ファイルの容量を確認する

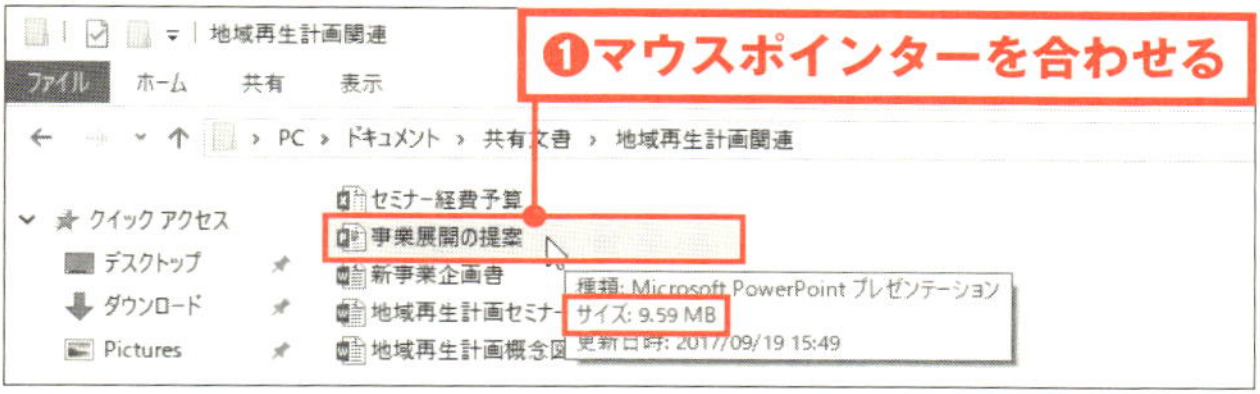

1 エクスプローラーを表示して、ファイルにマウスポインターを合わせると❶、ファイルの容量が確認できる。

▼ファイルの容量を表示する

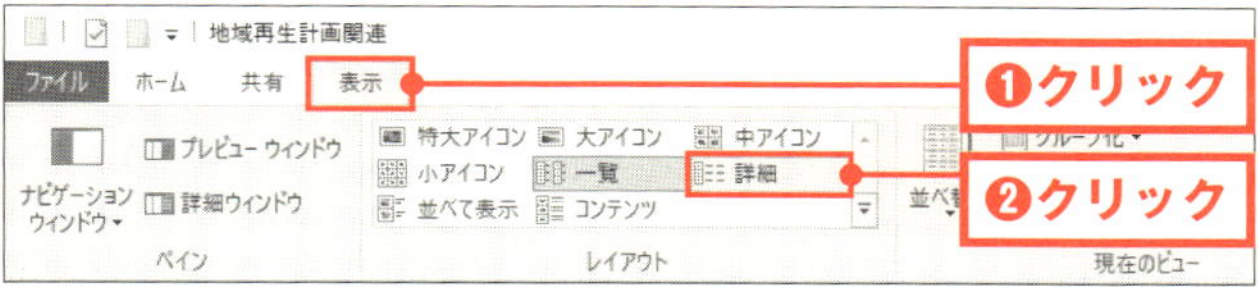

1 エクスプローラーの「表示」タブをクリックして❶、「詳細」（あるいは「並べて表示」）をクリックする❷。

2 ファイルの容量が表示される。

メール

035

複数のファイルは圧縮して1つにまとめて添付する

添付ファイルは、一度に複数個送ることができるが、一度に送るファイルは、**2個程度**にすべきだろう。添付ファイルが多くなると、ファイルをダウンロードするのに手間がかかり、相手に迷惑がかかる場合がある。

添付ファイルが3個以上になる場合は、**ファイルを圧縮**して1つにまとめよう。Windowsには、圧縮データの形式である**ZIP形式**のファイルを扱う機能が標準で搭載されているので、専用のアプリを使わずに圧縮や展開（解凍）がかんたんにできる。

また、フォルダーごと送信したい場合も、同様に圧縮して送信するとよい。通常のフォルダーはメールに添付できないが、**圧縮フォルダー**は、1つのファイルとして扱うことができるのだ。

なお、ファイルを圧縮すると、ファイルの容量が小さくなるので、ある程度までなら、容量の大きいファイルも圧縮すれば、メールに添付することができる。

ここがポイント! 複数ファイルは圧縮して1つのファイルにする

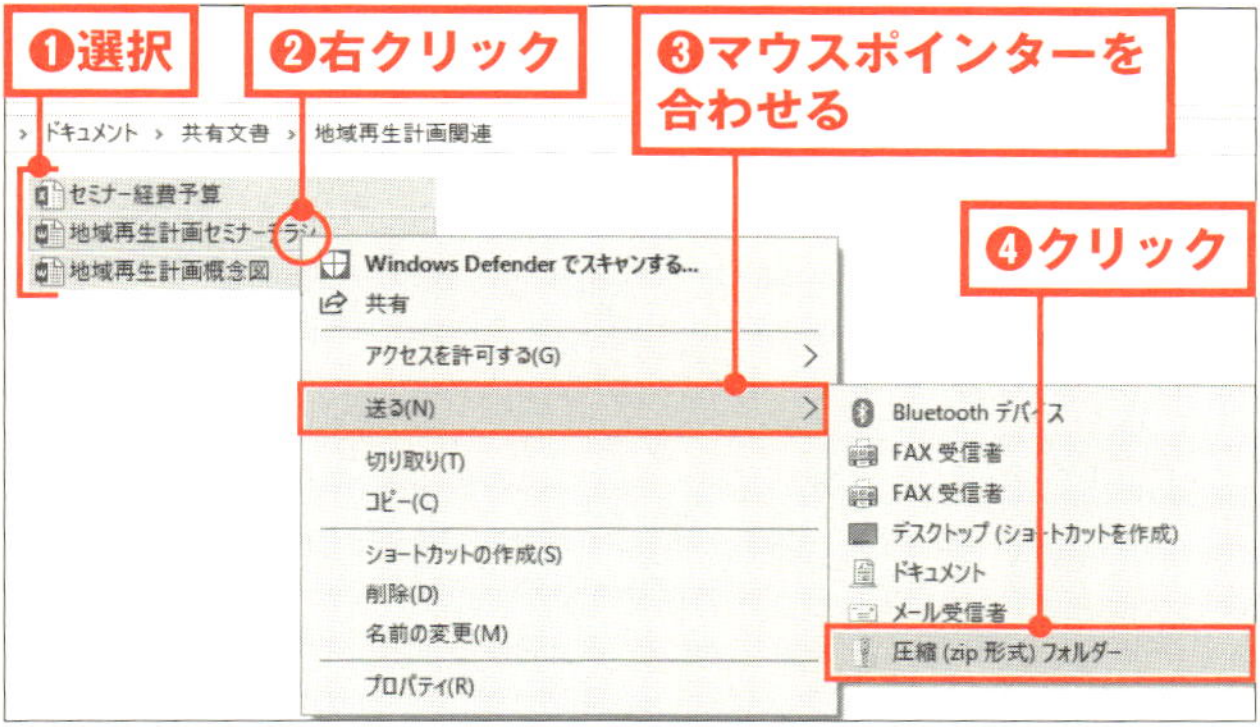

1 エクスプローラーを表示して、複数のファイルを選択する❶。いずれかのファイルを右クリックして❷、「送る」にマウスポインターを合わせ❸、「圧縮（zip形式）フォルダー」をクリックする❹。あるいは、「共有」タブの「Zip」をクリックする。

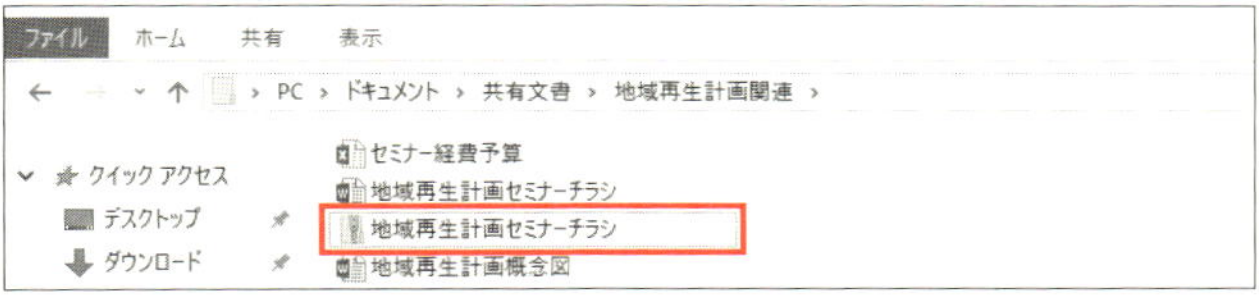

2 複数のファイルがフォルダーにまとまって圧縮される。

★One Point !★

複数ファイルを圧縮した際のフォルダー名は、圧縮するときに右クリックしたファイルの名前が付けられる。フォルダー名は必要に応じて変更するとよい（23ページ参照）。

メール

036

メールの送信前に誤字・脱字を確認する

メールを送信してしまったら、間違ったことに気付いても取り消しはできない。**送信する前に必ずチェック**する習慣を身に付けておこう。きちんと書いたつもりでも、誤字・脱字や変換ミス、用語の不統一などはあるものだ。

送信先は間違っていないか、件名やメールの内容については問題ないかも注意する。添付ファイルがある場合は、添付し忘れていないかなども確認しよう。うっかり確認を怠ったために、相手に不愉快な思いをさせてしまったり、怒らせてしまったりすることのないように、十分注意することが必要だ。

また、慌てていて、まだ書き終わっていないメールをうっかり送信してしまった、ということもあり得る。メールを送るときは、焦らないことも大切だ。

なお、アウトルックには、送信する前にいったんメールを「送信トレイ」に保存して、**誤送信を防ぐ機能**が搭載されている。これを利用するのもよいだろう。

ここがポイント!

送信前には必ず内容をチェックする

▼送信前にチェックするポイント

- 送信先や相手の名前に間違いはないか。
- 件名は付け忘れていないか、内容を表す具体的なものになっているか。
- 伝えたい内容がきちんと書かれているか、正しく伝わる表現になっているか。
- 誤字や脱字がないか、表記に間違いはないか。
- 添付ファイルは添付し忘れていないか。

▼メールの誤送信を防ぐ

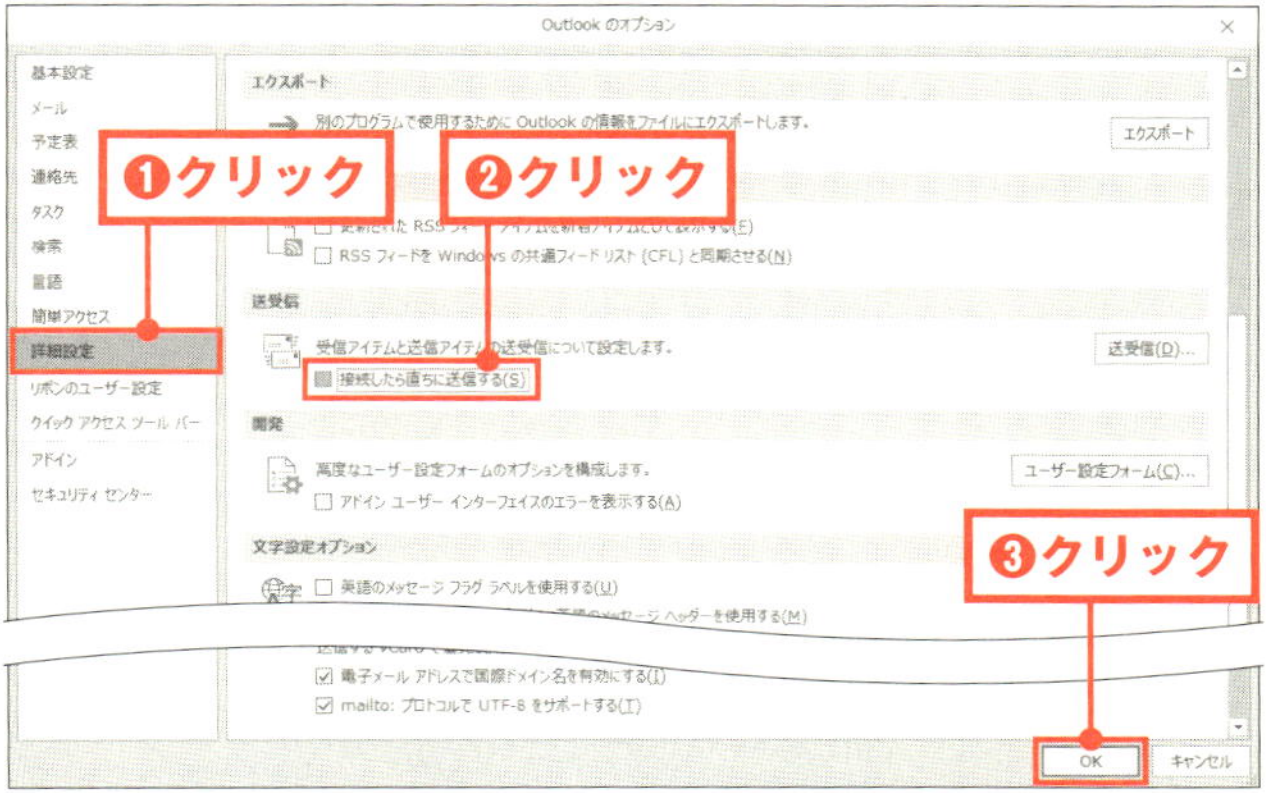

1 アウトルックで「ファイル」タブ→「オプション」→「詳細設定」の順にクリックして❶、「接続したら直ちに送信する」をクリックしてオフにし❷、「OK」をクリックする❸。

メール

037

メールを受け取ったら24時間以内に返信する

メールの返信はスピードが大切だ。朝、昼、夕方など、1日に数回定期的にチェックし、メールを受け取ったら、できるだけ早く返信することが基本だ。

打ち合わせや外出などですぐにメールを確認できない場合でも、遅くとも**24時間以内に返信**するようにしよう。返信が遅くなった場合は、「返信が遅くなり申し訳ありません。」などと、お詫びのひと言を添えるとよい。

ただし、確認する作業や検討する必要がある場合など、すぐに返答ができないこともある。その場合は、とりあえず**メールを受け取った旨を連絡**しておこう。可能であれば、いつまでに返答できるかを書き添えておくと、より親切だ。

また、休暇や出張など数日不在だったときにメールが届いていた場合は、メールで返事するより、電話でお詫びがてら連絡をしたほうがよいだろう。連絡が届きそうな相手には、前もって不在であることを伝えておくことも必要だ。

ここがポイント! 状況に応じて返答文を使い分ける

▼受け取り確認メールの例

資料受け取りました。
ありがとうございます。
まずは、受け取り確認のみにて失礼いたします。

先日依頼いたしました○○の書類は、本日確かに受領いたしました。
早々に配慮いただきまして、誠にありがとうございました。

相手から情報を伝えられた場合や、こちらが依頼した情報を受け取った場合は、できるだけ早く返信する。

▼返事が遅れる場合の返答例

メール拝見いたしました。
社内で検討し、今週末の○日（金）までにはお返事します。

メールありがとうございました。
この件につきましては、あらためて返事いたします。

返答が遅れる場合は、メールを確認したことだけでも早めに伝える。いつまでに返答できるかを書き添えておくと親切。

▼返信メールに対する返答例

- 早々と返信をありがとうございます。
- すぐにお返事いただき、大変助かります。
- いつもながらのすばやいご対応に感謝します。

送信メールに対する返答が届いたら、できるだけ早くお礼のメールを送信する。

メール

038

引用を使って相手の本文を残しておく

メールのやりとりにおける**引用**とは、返信の際に相手のメールの本文を利用すること。やりとりの経緯がわかるので、引用は積極的に利用するとよいだろう。相手から求められている確認や質問事項などが複数ある場合はとくに有用だ。

引用を使わない場合は、確認や質問された内容、返答も含めて、すべて入力する必要があるので、手間がかかるし、入力ミスが起こる可能性もある。しかし、相手のメールに記載された文章を引用すれば、ミスや見落としなどを防ぐことができる。すべての文章を引用すると文章が長くなってしまう場合は、**必要な部分のみを利用して返信**することで、スムーズなやりとりができる。

なお、アウトルックでは、もとのメッセージにインデントを設定したり、もとのメッセージの行頭にインデント記号（>）を挿入することができる。**本文と引用部分を区別**するために、設定しておくと便利だ。

ここがポイント！ 引用は必要な部分だけにする

▼引用文にインデント記号を設定する

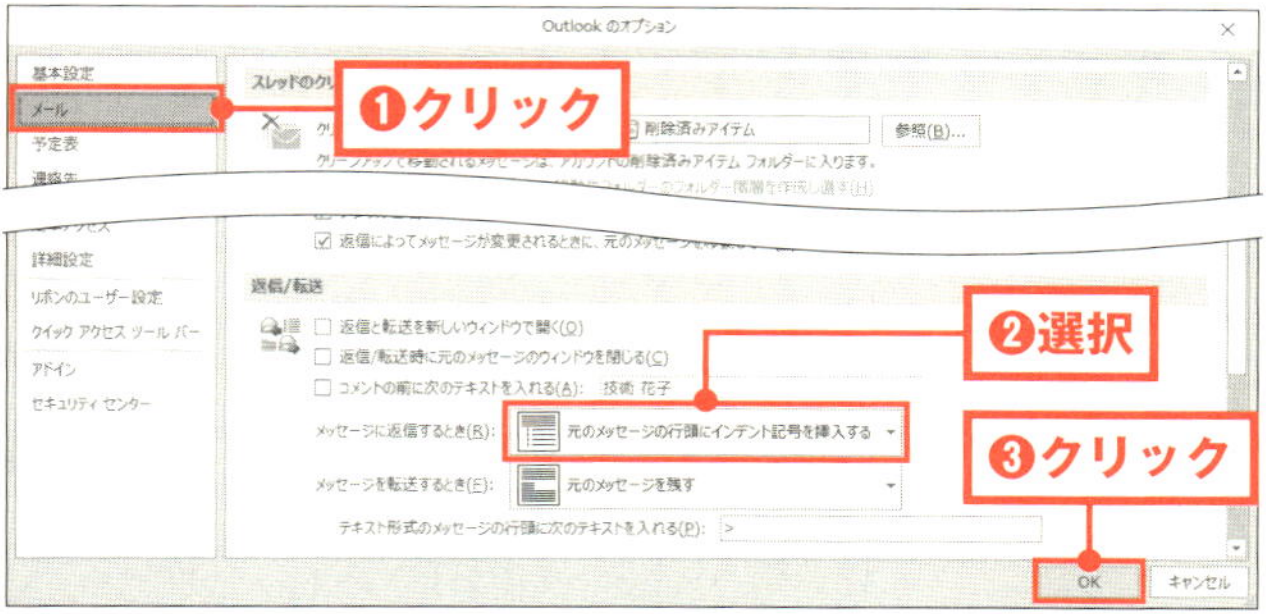

1 アウトルックで「ファイル」タブ→「オプション」→「メール」の順にクリックする❶。「メッセージに返信するとき」で「元のメッセージの行頭にインデント記号を挿入する」（あるいは「元のメッセージを残し、インデントを設定する」）を選択して❷、「OK」をクリックする❸。

▼必要な部分のみを利用して返信する

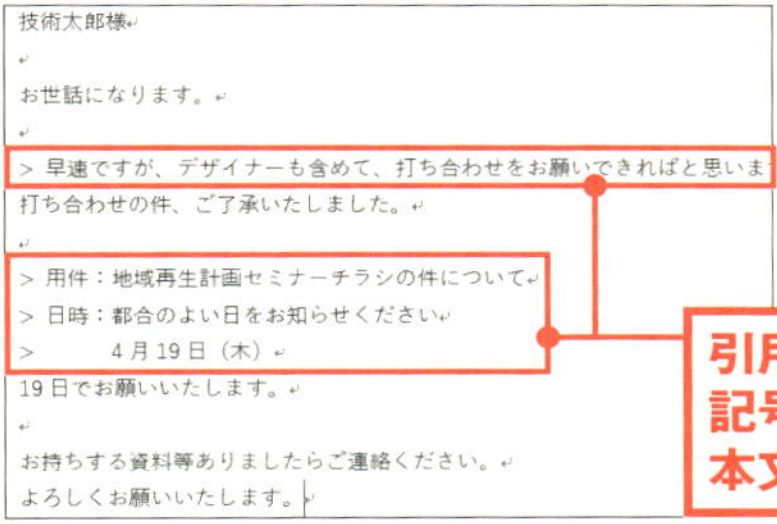

1 すべての文章を引用すると長くなってしまう場合は、必要な部分のみを引用して返信する。

メール

039

返信メールの「RE:」は消さないようにする

受信メールに**返信**すると、件名に**「RE:」**や**「Re:」**が自動的に表示される。これは返信を意味し、どのメールに対しての返信なのかがわかるようにするためのものなので、**削除せずにそのまま利用**しよう。会社名や自分の名前を件名に入れたい場合は、「RE: ○○○（会社名）」などと、付け足すとよいだろう。

件名は、原則として変更せずに返信するのがマナーだが、メールアプリによっては、何度もやりとりを繰り返していると、「RE:RE:RE:」のように「RE:」が増えていくこともある。この場合は、肝心の件名が表示されなくなってしまうので、タイトルの後ろに（5）（6）などと番号を付けてまとめるか、「RE:」を消して2つ以上にならないようにするとよい。

また、返信でのメールのやりとりは短くすることを心がける。長くなる場合は、話や用件が切り替わる時点で件名を変えるか、新しいメールとしてやりとりを始めたほうがよいだろう。

ここがポイント!

件名の「RE:」は消さないで返信する

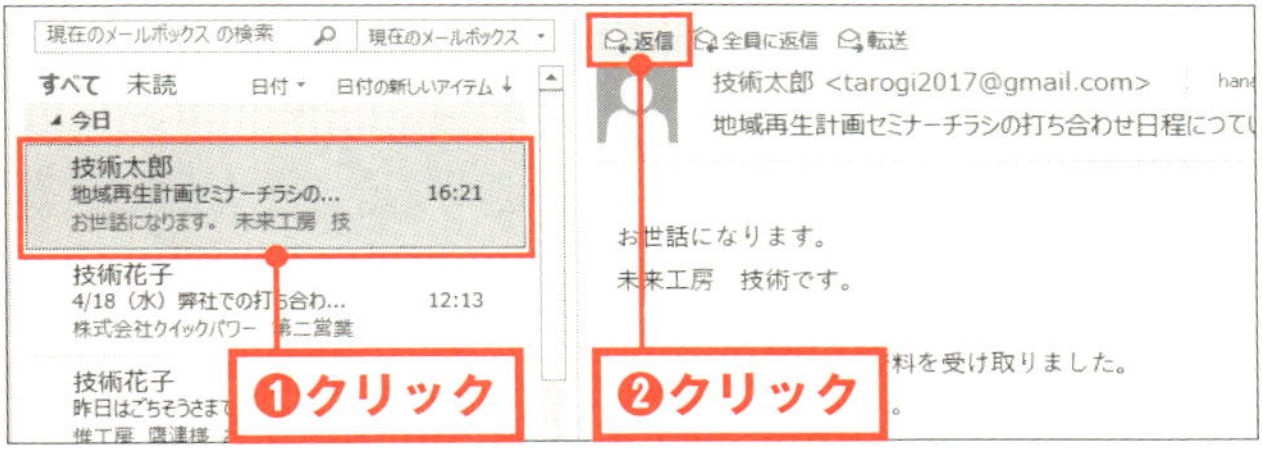

1 アウトルックで返信したいメールをクリックして❶、「返信」をクリックする❷。

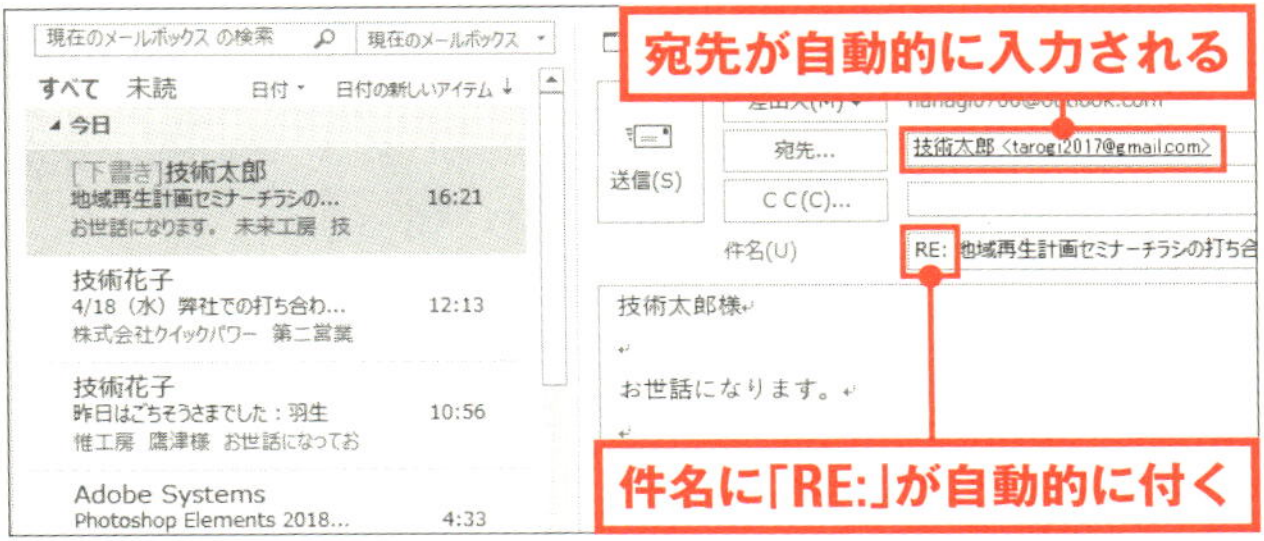

2 自動的に宛先が入力され、返信メールの件名に「RE:」が付く。

★One Point !★

長々とメールのやりとりが続くのは非効率的だ。次のように1往復半で終わらせよう。

①メールを送信する（メールを受信する）
②相手から返信が来る（こちらから返信する）
③それに対して返事をする（それに対して返事が来る）

040

メールの転送時は相手の本文を改変しない

メールの**転送**とは、受信したメールをそのまま第三者に送信することをいう。メールを転送する場合は、送信や返信とは違う特有の注意点がある。

まず、メールを転送する場合は、差出人に、第三者に送ってよいかどうかの了解を得ること。

次に、メールの内容は、編集したり加工したりせずに、そのままの状態で転送すること。件名も変更しない。

さらに、メールを転送するときは、「○○様から届いたメールです。次回の会議資料の参考に転送します。」などの前置きを入れること。

なお、転送メールの件名には、「**FW:**」や「**Fw:**」などの転送を表す文字が付く。この文字で、転送メールだと判断できるが、送られてきたメールがどういう理由で送られてきたのか、判断に迷う場合もあるだろう。転送するときに前置きを入れることで、メールを受け取った人が転送の意図を知ることができる。

ここがポイント！ 誰からのメールを転送しているかを伝える

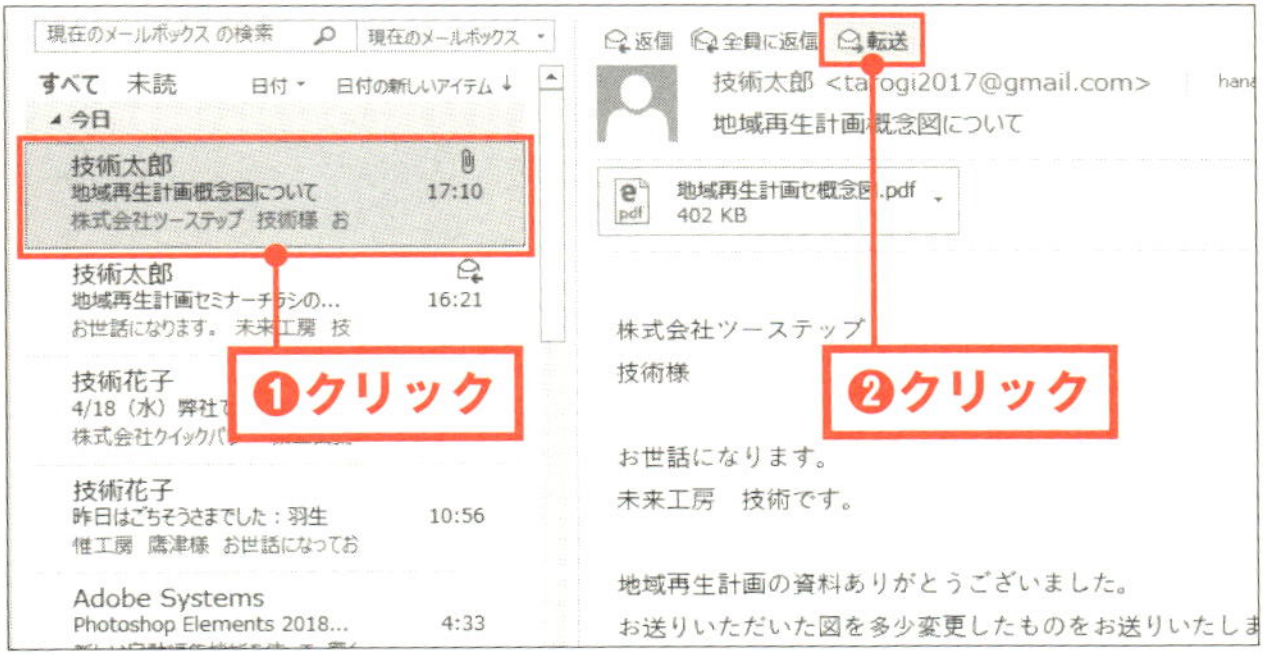

1 アウトルックで転送したいメールをクリックして❶、「転送」をクリックする❷。

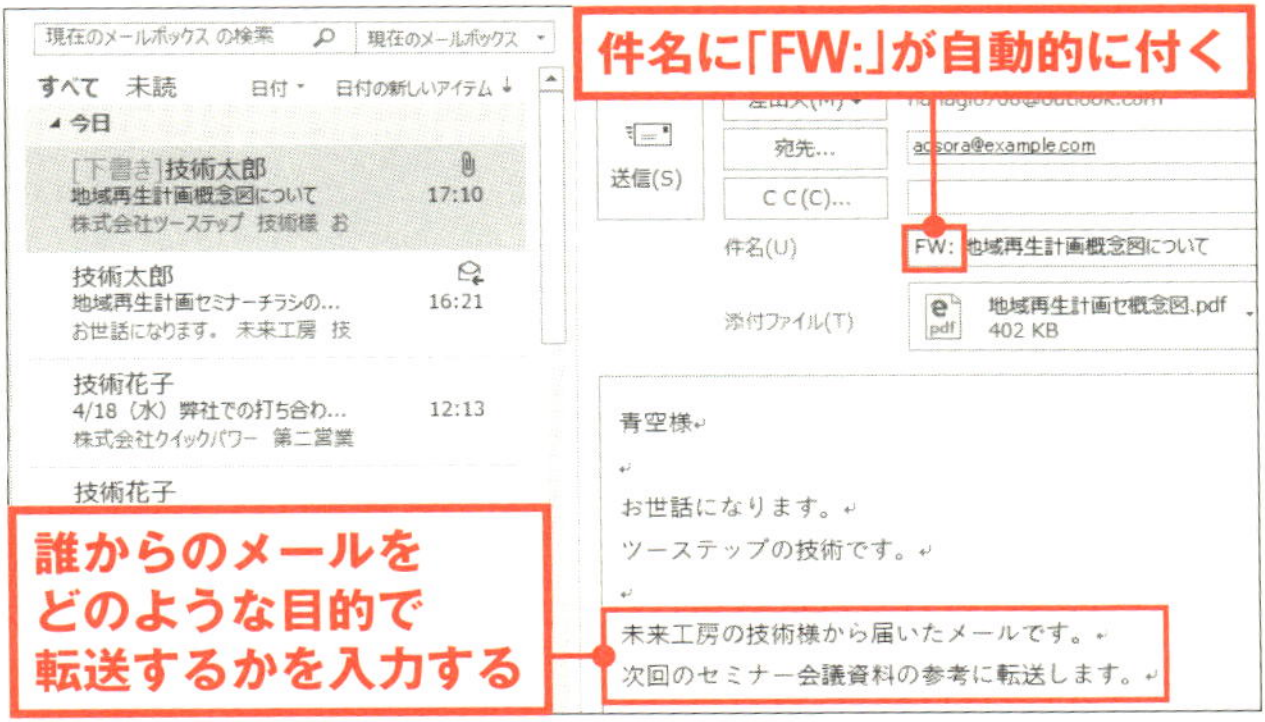

2 転送メールの件名には「FW:」が自動的に付く。転送メールには、誰からのメールをどのような目的で転送するかを記述する。

メール

041

迷惑メール・怪しいメールは無視する

メールを使っていると、迷惑メールが送られてくる危険性が常にある。**迷惑メール（スパムメール）**とは、望まないにも関わらず、一方的に送られてくる広告や嫌がらせなどの目的で送信されてくるメールのことをいう。詐欺目的やウイルス感染を目的とするものもある。

会社でネットワークを構築している場合は、サーバー内でセキュリティ対策がとられているのが普通だが、そこを通り抜けて届いてしまうメールもある。これは、自分で注意・対策するしかない。メールアプリに迷惑メール対策機能が付いている場合は、迷惑メールを受け取らないように設定しておこう。

それでも知らない相手からのメールや英文のみの**怪しいメールが届いたら、そのまま削除**しよう。もし開いてしまった場合でも、本文に記載された**URLをクリックしたり、添付ファイルを開いたりしない**こと。また、メールのプレビュー機能も使用しないほうがよいだろう。

ここがポイント! セキュリティの処理レベルを上げる

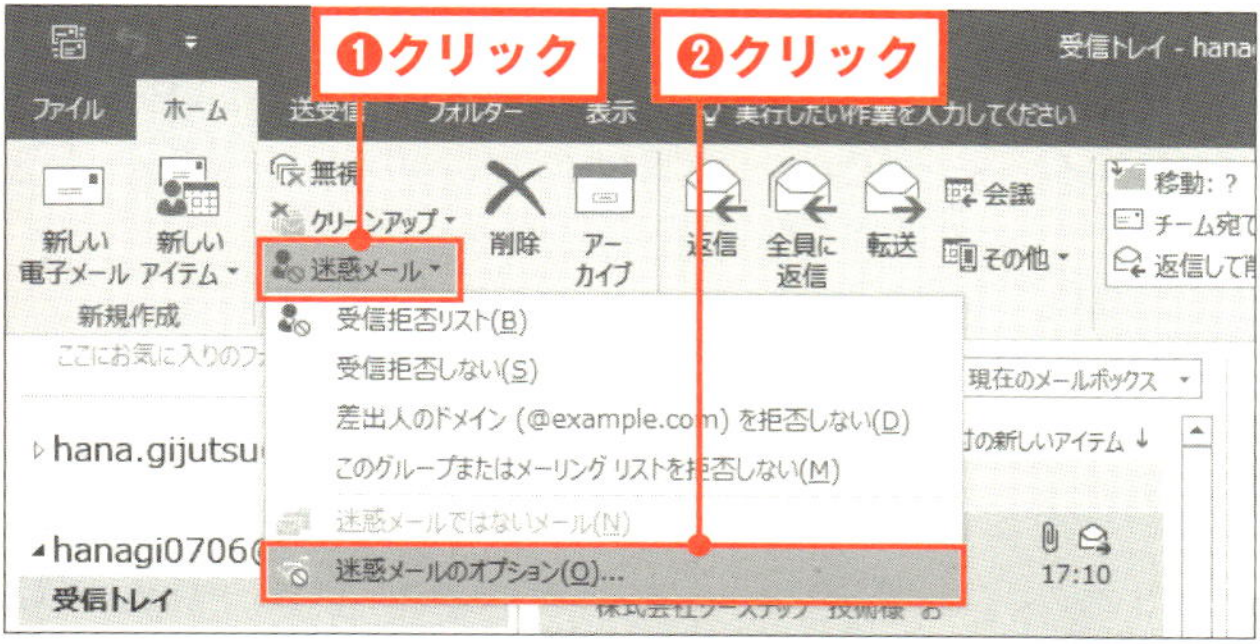

1	アウトルックで「ホーム」タブの「迷惑メール」をクリックして❶、「迷惑メールのオプション」をクリックする❷。

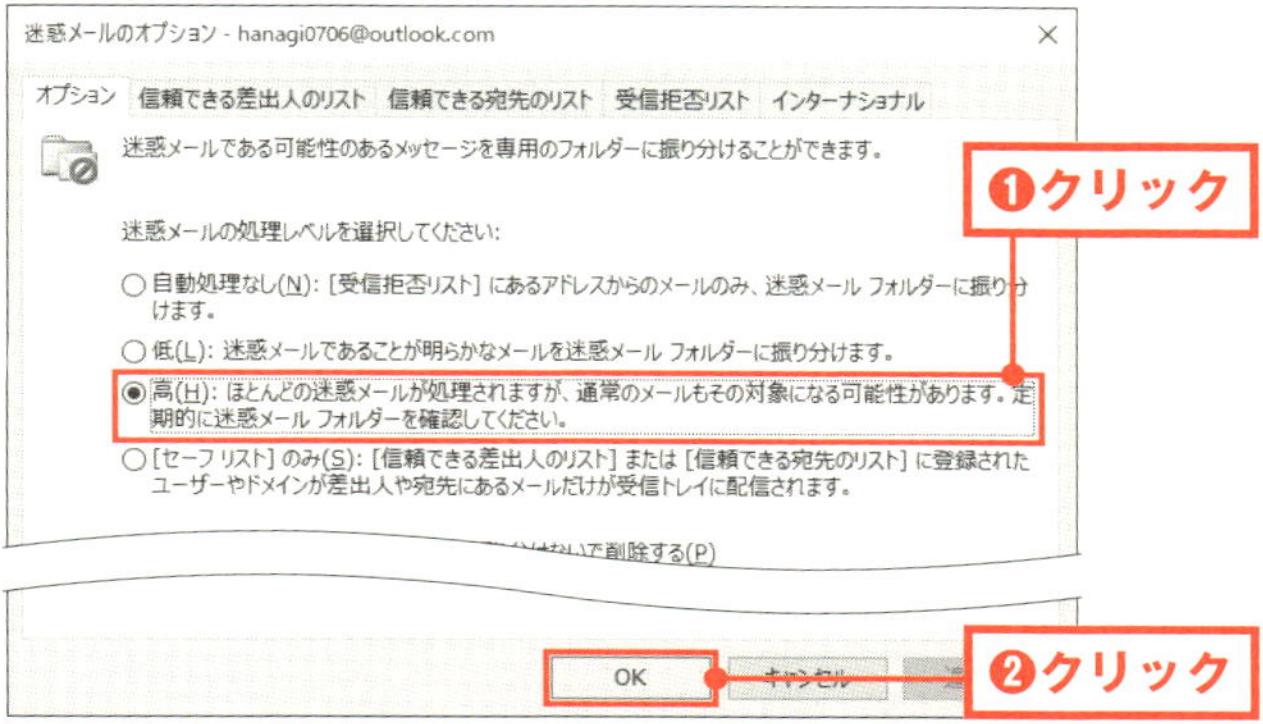

2	迷惑メールの処理レベル、ここでは「高」をクリックしてオンにし❶、「OK」をクリックする❷。

メール

042

受け取った添付ファイルは安易に開かない

ウイルスに感染したパソコンのほとんどが迷惑メールの添付ファイルが原因といわれている。知らない相手から送信されたメールの添付ファイルは、ウイルスが潜んでいる可能性があるので、**無条件に削除**すること。削除して「削除済みアイテム」フォルダーに移動されたメールも、完全に削除しておくとよい。

近年では、送信者名を偽装して送られてくるウイルス添付メールが増えている。送信者が有名な組織や企業の場合でも、実際には、ウイルス作者などから送られている可能性があるので、**添付ファイルは不用意に開かない**ように注意しよう。

添付ファイルがウイルスかどうか判断したい場合は、開く前に、**ファイルの拡張子を確認**するとよい。拡張子が「.exe」「.pif」「.scr」「.bat」「.com」などの場合はウイルスの可能性がある。

怪しいと思うメールが届いたら、会社のセキュリティ担当者などに連絡して、**情報を共有**することも大切だ。

ここがポイント! 不審なメールの添付ファイルは開かない

▼添付ファイルの取り扱いのポイント

- 心当たりのない送信元や送信者のはっきりしないメールの添付ファイルは開封しない。
- 添付ファイルの見た目のアイコンや拡張子に惑わされない。
- 金融機関など、実在の組織になりすましたメールの添付ファイルに注意する。

▼知らない相手から届いた添付ファイルは削除する

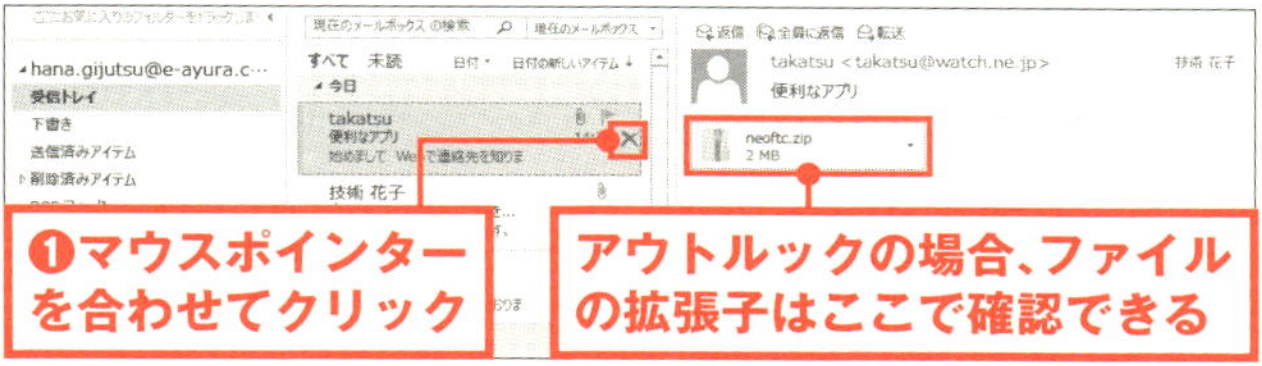

1 添付ファイル付きのメールにマウスポインターを合わせて、☒をクリックする❶。あるいは、「ホーム」タブの「削除」をクリックする。

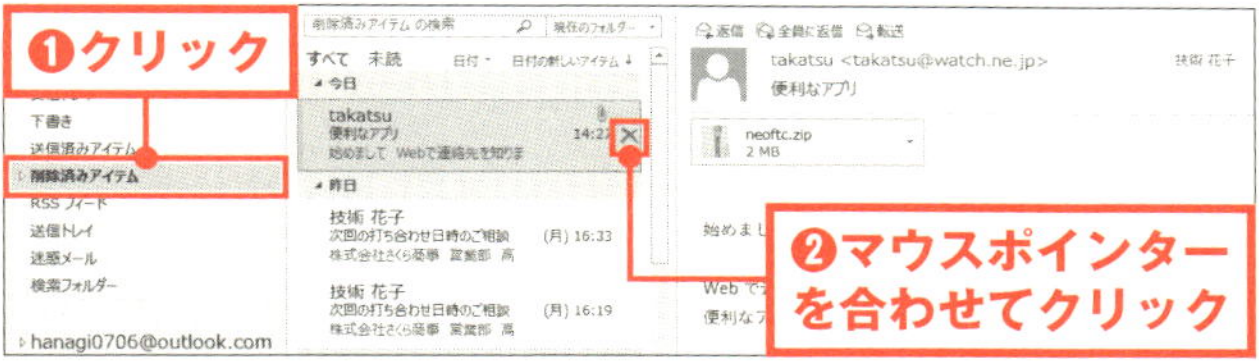

2 「削除済みアイテム」をクリックして❶、完全に削除したいメールにマウスポインターを合わせ、☒をクリックする❷。確認のダイアログボックスで「はい」をクリックすると、メールが完全に削除される。

メール

043

受信したメールは仕事の内容別に整理する

ビジネスでメールを活用していると、「受信トレイ」に大量のメールが蓄積され、目的のメールを探すのに時間がかかったり、大切なメールを見落としてしまったりすることがある。

そこで、パソコン内のファイルと同様に、メールも**フォルダーに分けて整理**するとよいだろう。アウトルックでフォルダーを作成するには、「フォルダー」タブの「新しいフォルダー」をクリックして、フォルダーに付ける名前を入力する。取引先やプロジェクト名など、自分の業務に合わせて管理しやすい名称でフォルダーを作成し、メールを振り分けよう。フォルダー内にさらにフォルダーを作成することもできる。ただし、あまり細かく分けると、振り分けるのが大変になる。

なお、アウトルックには、メールの差出人や件名などを基にルールを設定し、**受信したメールを自動的にフォルダーに振り分けてくれる**機能が搭載されているので利用するとよい。

ここがポイント！ メールを自動的にフォルダーに振り分ける

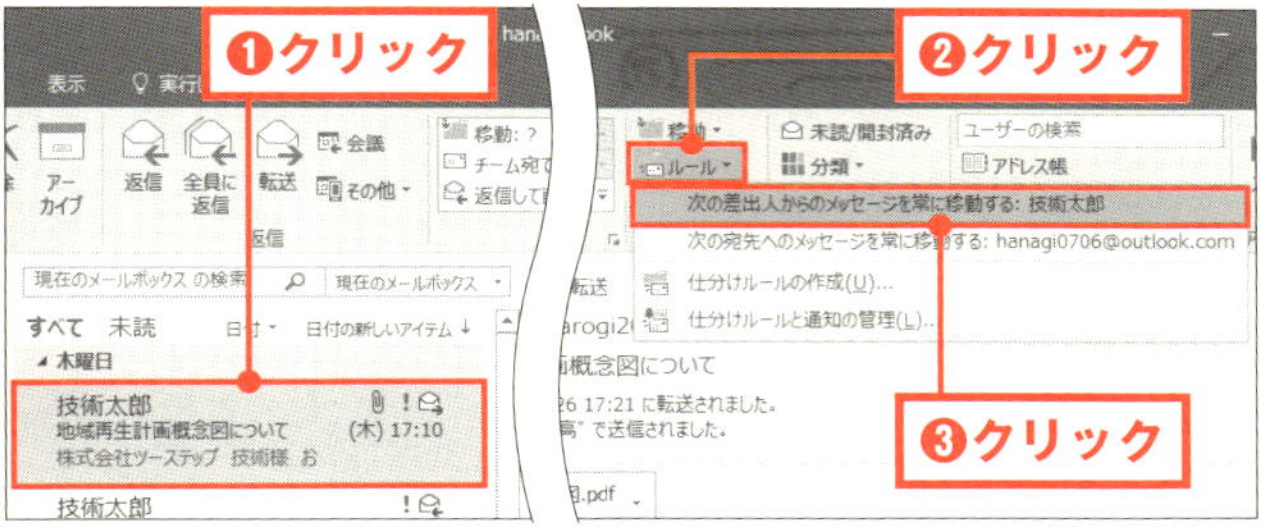

1 アウトルックで振り分けたい差出人のメールをクリックして❶、「ホーム」タブの「ルール」をクリックし❷、「次の差出人からのメッセージを常に移動する」をクリックする❸。

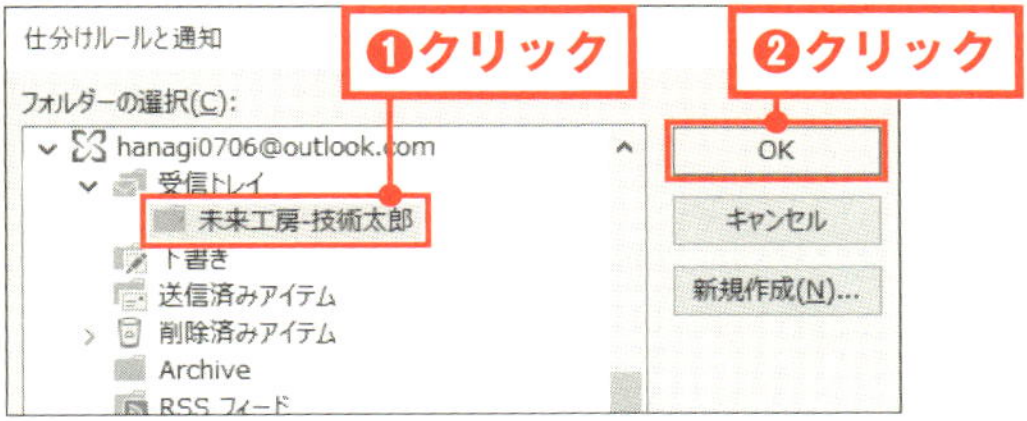

2 移動するフォルダーをクリックして❶、「OK」をクリックすると❷、指定したメールが自動的にフォルダーに振り分けられる。

★One Point！★

アウトルックでフォルダーを作成するには、「フォルダー」タブをクリックして、「新しいフォルダー」をクリックする。「新しいフォルダーの作成」ダイアログボックスが表示されるので、フォルダーに付ける名前を入力して、フォルダーを作成する場所を選択し、「OK」をクリックする。

メール

044

状況に応じてメールと電話を使い分ける

メールが普及した現在では、電話よりもメールで連絡を取ることが多くなっている。メールには、相手の時間を気にしないで連絡できる、記録が残るといったメリットがあるが、**メールだけに頼っては、失敗する**こともある。場合によっては、電話も利用しよう。

たとえば、急ぎの用事で今すぐ連絡がほしいという場合、メールだと相手が読まない限り伝わらない。この場合は、メールよりも電話のほうがよいだろう。

電話には、用件をリアルタイムで伝えられる、細かいニュアンスを伝えやすいなどのメリットがある。また、仕事でミスや不手際が発生した場合などは、すぐに電話でお詫びの連絡をすることが大事だ。心のこもった謝罪かどうかは、メールではなかなか伝わらない。電話で話した内容をメールでフォローしたり、重要な内容のメールを送ったあとに電話で確認したりすることもある。**場面や状況に応じた対応**を心がけよう。

ここがポイント! お詫びやお礼は電話を使う

▼メールと電話のメリット・デメリット

連絡手段	メリット	デメリット
メール	・都合のよいときに読める ・記録に残せる ・ファイルを添付できる ・複数の相手に一度に連絡できる ・相手の都合に関係なく送れる	・相手が読むまで用件が伝わらない ・時間がかかるケースが多い
電話	・用件をリアルタイムで伝えられる ・思いや細かいニュアンスを伝えやすい ・スピーディに進められる	・相手の時間を拘束する ・記録に残らないので行き違いが発生しやすい

▼メールのほうが適しているケース

- 数字や英語の羅列、混乱しやすい日程や日時などの連絡
- 「いった」「いわない」の議論になりやすい内容を伝えるとき

▼電話のほうが適しているケース

- 急ぎのとき
- 謝罪するとき
- 返事を催促するとき
- ややこしい交渉や調整をするとき

★One Point !★

メールや電話のほかに、FAXも連絡手段として利用できる。最近は使うことが少なくなったが、手書きの地図や図版などを送って、急いで確認してもらいたい場合などに便利だ。

メール

045

仕事以外の用件は個人用のアドレスを使う

会社などでは通常、社名などが入った独自のドメイン（@より後ろの文字列）を取得しており、社員はそのドメインの入ったメールアドレスを業務用として割り当てられている。このアドレスを**私用目的で使うのは原則禁止**だ。

なお、会社によっては、業務に支障を及ぼさない範囲、あるいは業務に派生的な目的のために、会社から割り当てられたメールアドレスを使用することを認めている場合もある。ただし、会社から割り当てられたメールアドレスでプライベートなメールをやりとりすると、危機管理が薄れて、情報漏えいにつながる危険性がある。会社のイメージにも影響するので、**ビジネスとプライベートのメールアドレスは使い分ける**のが社会人としての常識だ。

インターネット上には、無料で利用できるウェブメールサービスがいくつか用意されている。自分の使いやすいサービスを利用するとよいだろう。

ここがポイント!

社名の入ったメールアドレスは私用では使わない

▼無料で使える主なウェブメールサービス

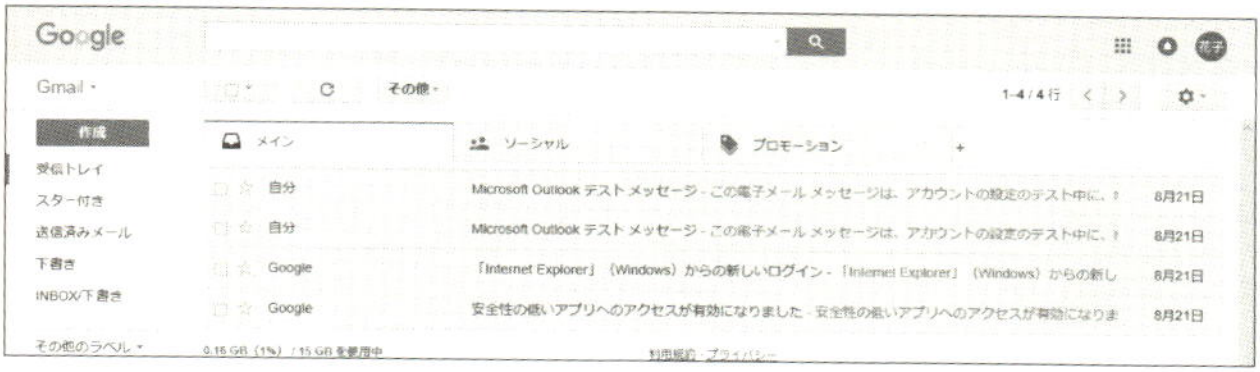

Gmail(Google提供)

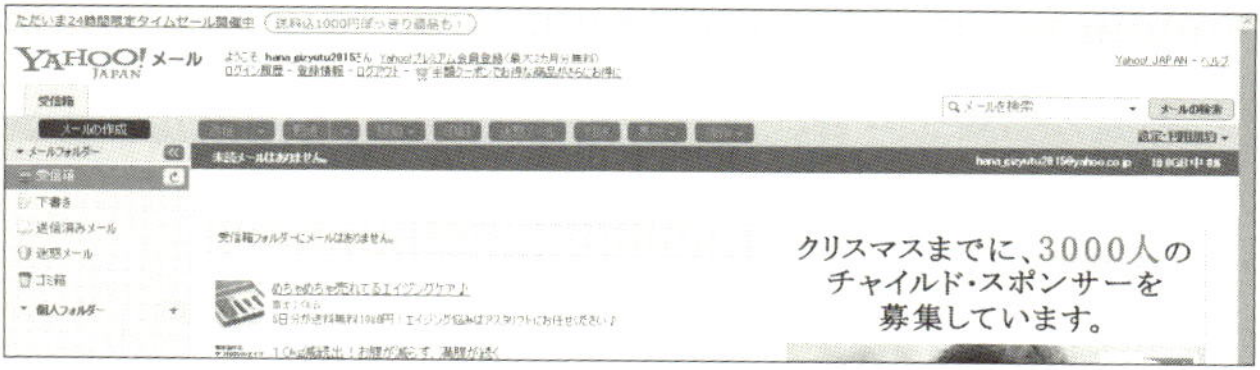

Yahoo!メール(Yahoo!JAPAN提供)

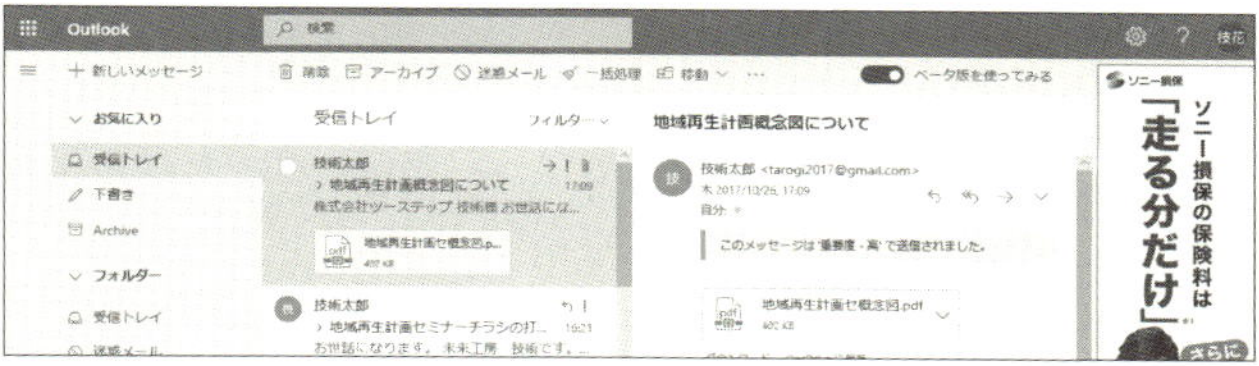

Outlook.com(Microsoft提供)

COLUMN

コラム 2

ビジネスメールのよくある失敗エピソード

メールは便利な反面、うっかりミスもしやすい。笑って済ませたり、謝って済むような失敗ならよいが、取引先を怒らせてしまって信頼を失った、取引がダメになった、といった大失敗につながることもある。以下のような失敗がないように、送信前には必ず内容をチェックする習慣を身に付けておこう。

- 相手の名前（あるいは漢字）を間違ってしまった！
- 相手の名前に敬称を付け忘れた！
- CC を入れ忘れた！
- CC と BCC の使い方を間違えた！
- 個人に返信するつもりが全員に返信してしまった！
- 社内のスタッフに送るつもりが社外の人に送ってしまった！
- 上司と同僚を間違えて送ってしまった！
- 件名を忘れて「無題」で送ってしまった！
- 入力ミス／変換ミスをしたまま送ってしまった！
- 途中までしか書いていないのに送ってしまった！
- 「添付しました」と書いておきながら、添付するのを忘れた！
- 違うファイルを添付してしまった！
- 添付ファイルが容量制限を超えていてメールが届かない！

第3章

文書編

ビジネス文書を作るときのマナー&最新常識

ビジネス文書はＡ４用紙１枚にまとめる

ワード

文書でのやりとりは、ビジネスシーンでは必要不可欠だ。ビジネス文書は大きく**社内文書**と**社外文書**に分けられる。

社内文書は、報告書、稟議書、企画書など、社内だけで利用される文書だ。対して、社外文書は、発注書、見積書、依頼書などの取引に関するものと、案内状やあいさつ状、招待状などの社交を目的としたものがある。それぞれの目的や用途に合わせて書き方や形式を変える必要がある。

ビジネス文書に求められるのは、**用件を正確にわかりやすく、簡潔に伝えること**である。原則として、**Ａ４用紙１枚**に収める。**用件は１つの文書に１つだけ**にして、文章は横書きにするのが基本だ。

社内文書の場合は用件のみを簡潔に、社外文書であればさらに丁寧かつ明確に、礼儀正しい文書にする。とくに社外文書は、会社の意思として相手に伝わるので、会社の品格を下げないよう、きちんとした文書を書くことが大切だ。

ここがポイント!

文書に入れる要素を簡潔にまとめる

宛名　件名　発信者名　発信年月日

2018年5月10日

株式会社さくら商事
営業部部長　高良田丈太様

株式会社ツーステップ
企画部　山之内美穂

展示会開催のご案内

拝啓　新緑の候、貴社ますますご盛栄のこととお慶び申し上げます。平素は格別のお引き立てをいただき、厚く御礼申し上げます。

さて、このたび弊社では、恒例の製品展示会を下記のとおり開催することになりました。なかでも空気清浄機は、従来の加湿機能の性能をさらに上回る最新型機器です。

専門スタッフが実演を行い、各製品の機能や性能をじっくりとご覧いただけるよう企画いたしております。

ご多忙のこととは存じますが、この機会にぜひご来場賜りますようお願い申し上げます。

敬具

記

- 日　　時　2018年6月5日（火）午前10時から午後2時
- 場　　所　港北区産業文化会館コンベンションルーム
- 申込方法　ご希望の方は、5月24日（木）までに同封の申込書にご記入のうえ、ご返信ください。
- お問合せ先　企画部　山之内（直通）03-1234-0000

以上

本文　記書き　結び

ビジネス文書は、原則として、A4用紙1枚、1文書に1用件、横書きが基本。箇条書きを利用して、用件を正確にわかりやすく、簡潔に伝える。

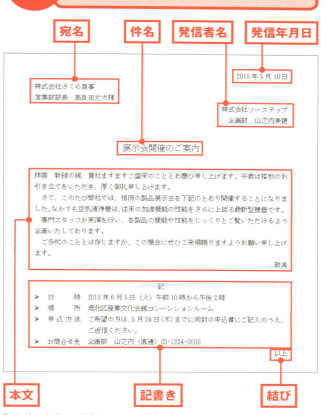

文書

047

ビジネス文書に派手な色は使わない

ワード

企画書やプレゼンテーション資料などは、図形や図解、グラフなどを活用することが多い。これらは、文書の意図が相手に伝わるように、色を効果的に使ったほうがよいだろう。

ただし、たくさんの色を使ったり、派手な色を脈絡なしに使うのは逆効果だ。同じ階層の見出しや、同じ意味や種類の図形は同じ色にするなど、**文書全体に統一感を出す**ように工夫することが大切だ。

プレゼンテーションを意識する必要のない案内状などの文書の場合は、基本的に色を使わずに黒一色にするほうが望ましい。白黒でコピーを取ったり、ＦＡＸで送る場合も考慮して、文字をグレーにしたり、バックにアミをかけたりもしないほうがよいだろう。

白黒でも文書にメリハリを付けたい場合は、**書式を設定**するとよい。太字にしたり、文字を大きくしたり、下線を引いたりすれば、重要な箇所を目立たせることができる。

ここがポイント！ 色を使わずに目立たせる工夫をする

2018年4月10日

風波食品株式会社
第一営業部部長　灘本則平様

株式会社オリエント
製品開発部
佐々木大輔

意見交換会のご案内

拝啓　陽春の候、貴社ますますご隆盛のこととお喜び申し上げます。平素は格別のお引き立てを賜り厚く御礼申し上げます。

さて、このたび弊社製品開発部におきましては、日ごろよりお世話になっている**皆さま方との親睦を深め、併せて今後の事業展開について貴重なご意見を拝聴させていただくとともに、私どもと様々な情報や意見を交換させていただくとの趣旨**のもと、年に一度懇談の機会を設けることにいたしました。

つきましては、第1回会合を下記のとおり開催いたしたく存じますので、なにとぞご出席くださいますようお願い申し上げます。

敬具

記

- ◆ **日　　時**　5月15日（火）　11:30〜14:30
- ◆ **会　　場**　八段会館10階（東西線九段下駅下車徒歩2分）
- ◆ **申込方法**　4月27日(金)までに同封の申込書にご記入のうえご返信ください。
- ◆ **お問合せ先**　製品開発部　佐々木大輔　（直通）03-1234-0000

以上

案内状などの文書の場合は、企画書やプレゼンテーション資料などのような色の使い方をしない。黒文字1色で、重要な箇所を太字にしたり、文字を大きくしたり、下線を引いたりしてメリハリを付ける。

★One Point！★

文字サイズやフォントを変える、文字を太字にする、下線を引くなどの文字書式を設定するには、「ホーム」タブの「フォント」グループの各コマンドを利用する。

宛名は左側、日付と発信者名は右側に揃える

ワード

ビジネス文書の最上段には、いつ発信されたのかを示すために**発信年月日**を記述する。続いて、**宛名**と**発信者名**も記述する。

宛名は、社名、部署名、役職名、氏名、敬称の順に記述する。社名は「株式会社」を（株）などと略称せず、役職名には「営業部部長様」のように敬称を付けないこと。氏名に付ける敬称は、通常「様」を使うが、相手によっては、「先生」「御中」なども使う。宛名は社名で改行し、部署名から氏名までが長くなる場合は、部署名で改行するとよい。

必要な部分を入力したら、バランスを整えよう。**宛名は左側、発信年月日と発信者名は右側に配置**するのが一般的だ。会社名あるいは名前を大きめにしてメリハリを付けてもよいだろう。

会社によっては、文書番号を付ける場合があるが、これも右側に配置する。案内状などの場合は、発信年月日や発信者名を文章の最後に配置する場合もある。

ここがポイント！ 日付、宛名、発信者名をバランスよく配置する

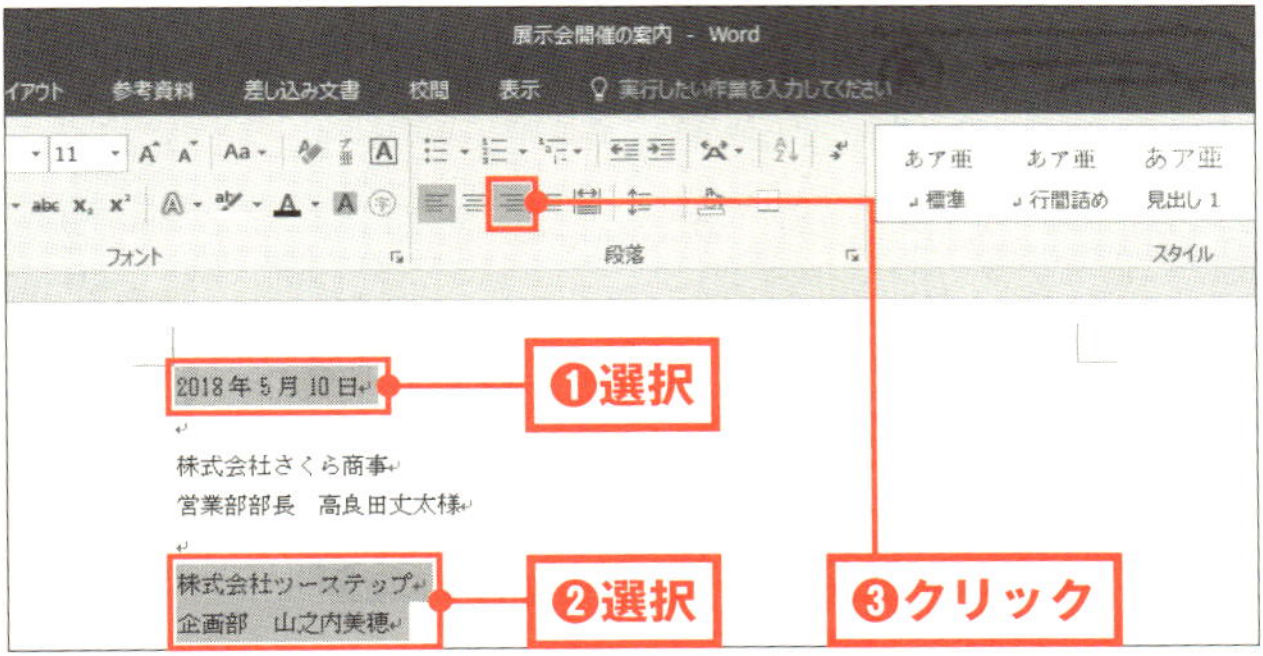

1 発信年月日をドラッグして選択し❶、続いて[Ctrl]キーを押しながら発信者名をドラッグして選択し❷、「ホーム」タブの「右揃え」をクリックする❸。

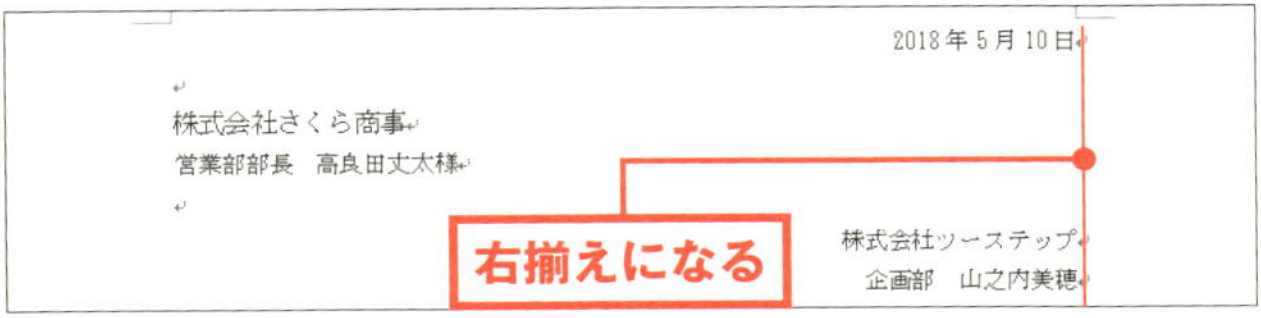

2 発信年月日と発信者名が右揃えになる。ここでは、さらに会社名のフォントサイズを大きくした（111ページのOne Point !参照）。

★One Point !★

右揃えにした行の最後で[Enter]キーを押すと、次の行も右揃えの書式を引き継いでしまう。通常の左揃えに戻すには、「ホーム」タブの「すべての書式をクリア」をクリックする。

文書

049

件名は中央に揃えて目立たせる

ワード

発信年月日と宛名、発信者名を記述したら、次は**件名（タイトル）**を記述する。ビジネス文書の件名は、文書の内容を表す重要なものである。それが何についての文書なのかを、相手にすばやく理解してもらえるような件名を心がけよう。

そのためには、「～のご案内」「～のお知らせ」「～のお願い」「～のご報告」など、文書の内容がひと目で伝わるように、**具体的な内容を簡潔に示す**ことが重要だ。ただし、長くなりすぎないように、文字数は長くても20字以内に収めよう。

また、**件名であることがひと目でわかるように目立たせる**ことが大切だ。件名を文書の中央に配置するほか、文字サイズを大きくしたり、太字にしたりと工夫しよう。

ワードの場合は、初期設定で文字サイズが10.5ポイントに設定されている。本文の量にもよるが、件名は12から14ポイントくらいの大きさがよいだろう。本文とのバランスを考えて調整するとよい。

ここがポイント! 件名を大きくして中央に配置する

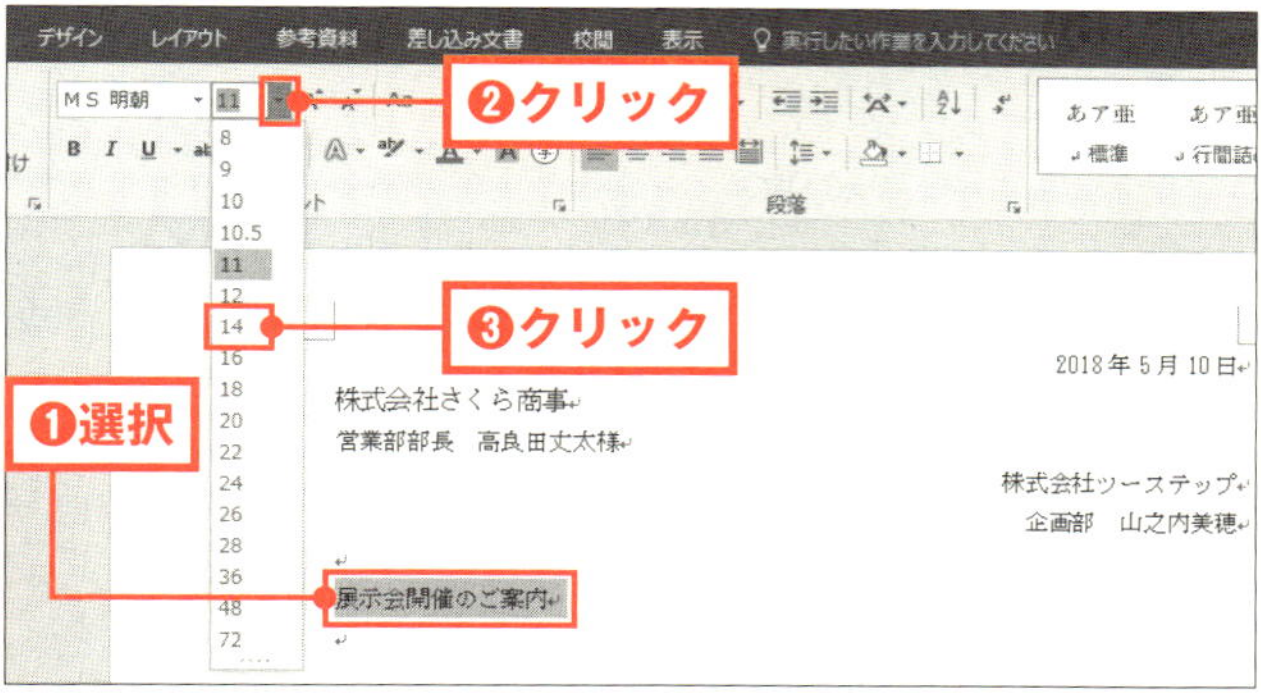

1 件名を選択して❶、「ホーム」タブの「フォントサイズ」の▾をクリックし❷、フォントサイズをクリックする❸。

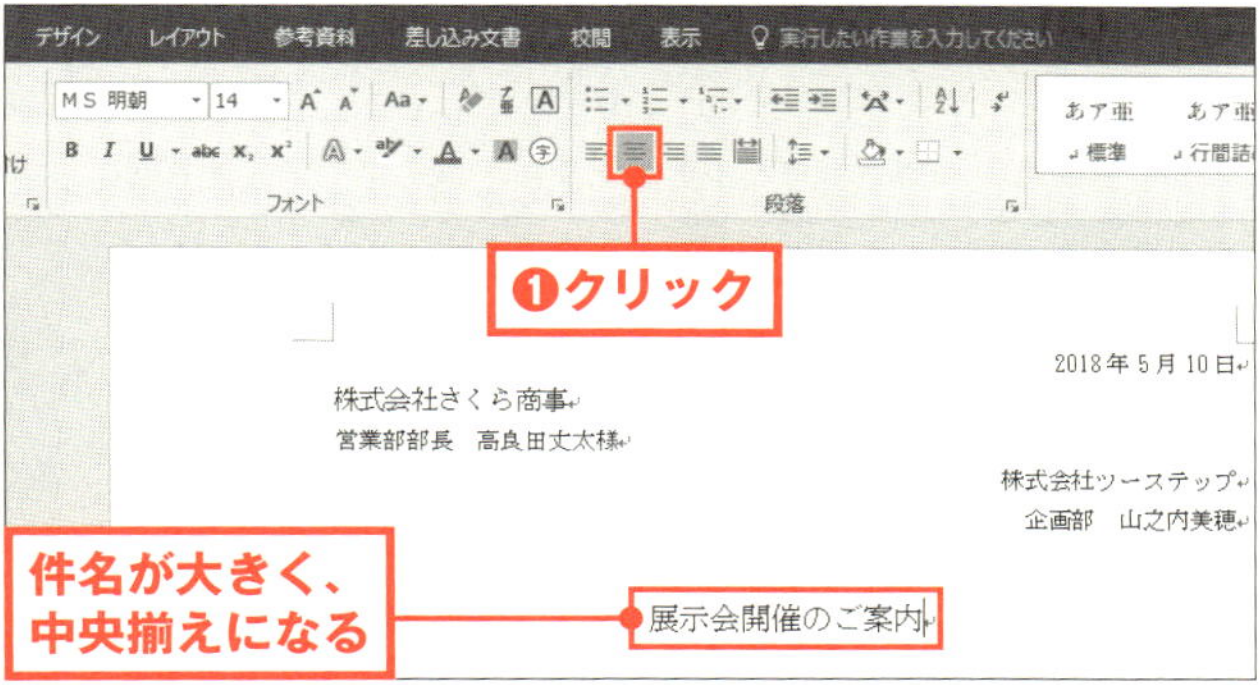

2 件名を選択した状態のまま、「ホーム」タブの「中央揃え」をクリックすると❶、件名が大きくなり、位置も中央揃えになる。

文書

050

本文は「前文」「主文」「末文」で構成する

ワード

ビジネス文書は、用件を正確に伝えることが第一の目的だが、単に用件だけを伝えればよいというわけではない。とくに社外文書は、会社を代表したメッセージとなるため、相手に失礼のないように、丁寧な文書を作成することが求められる。最初に日頃の感謝を伝えたり、最後に「よろしくお願いします」などの気持ちを添えたりすることを心がけよう。

社外文書では、**本文を「前文」「主文」「末文」で構成する**のが基本だ。それぞれで書くべき内容を意識することで、礼儀正しい文書を書くことができる。

前文は最初のあいさつ文になる。「拝啓」などの頭語、時候のあいさつ、安否や日頃の感謝を伝える。

主文は文書の本題部分だ。前文のあとに改行し、「さて」「ところで」などの転語でつなぎ、用件をわかりやすく記述する。

末文は最後に沿える結びの文章で、「敬具」など、前文の頭語に対応する結語で締める。

ここがポイント!

あいさつに始まって あいさつで締める

2018年5月10日

株式会社さくら商事
営業部部長　高良田丈太様

株式会社ツーステップ
企画部　山之内美穂

展示会開催のご案内

前文

拝啓　新緑の候、貴社ますますご盛栄のこととお慶び申し上げます。平素は格別のお引き立てをいただき、厚く御礼申し上げます。

主文

さて、このたび弊社では、恒例の製品展示会を下記のとおり開催することになりました。なかでも空気清浄機は、従来の加湿機能の性能をさらに上回る最新型機器です。
専門スタッフが実演を行い、各製品の機能や性能をじっくりとご覧いただけるよう企画いたしております。

ご多忙のこととは存じますが、この機会にぜひご来場賜りますようお願い申し上げます。

敬具

末文

記

- 日　　時　2018年6月5日（火）午前10時から午後2時
- 場　　所　港北区産業文化会館コンベンションルーム（別紙参照）
- 申込方法　ご希望の方は、5月24日（木）までに同封の申込書にご記入のうえ、ご返信ください。
- お問合せ先　販売企画部　山之内（直通）03-1234-0000

以上

社外文書では、本文を「前文」（最初のあいさつ文）、「主文」（文書の本題部分）、「末文」（結びの文章）で構成するのが基本だ。

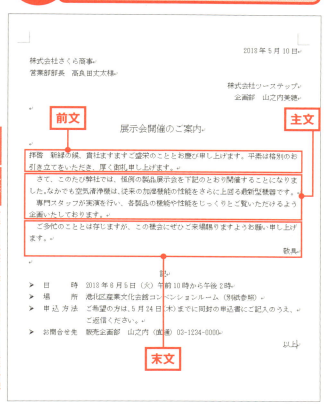

文書

051

季節や相手に合わせたあいさつ文を挿入する

ワード

社外文書では、本文の最初に「拝啓」などの頭語に続いて、**時候のあいさつ**を、さらに**安否と感謝**のあいさつを入れるのが一般的だ。

時候のあいさつとは、季節感を表す言葉を用いた文章のことで、月によって決まっている。また、季節を問わず年中使える「時下」も利用できる。続く安否と感謝のあいさつも、ある程度決まった文言がある。

これらのあいさつ文を自分で調べて入力するのは結構手間がかかる。ワードには、あいさつ文をかんたんに入力できる「**あいさつ文**」機能が搭載されているので利用するとよい。

なお、ワードの「あいさつ文」には、前文のあとに使う「さて」「ところで」などの「起こし言葉」も用意されている。また、本文の最後に沿える「まずは用件のみ。」「ご返事お待ち申し上げております。」などの「結び言葉」も用意されているので、適宜利用しよう。

ここがポイント! あいさつ文機能を利用する

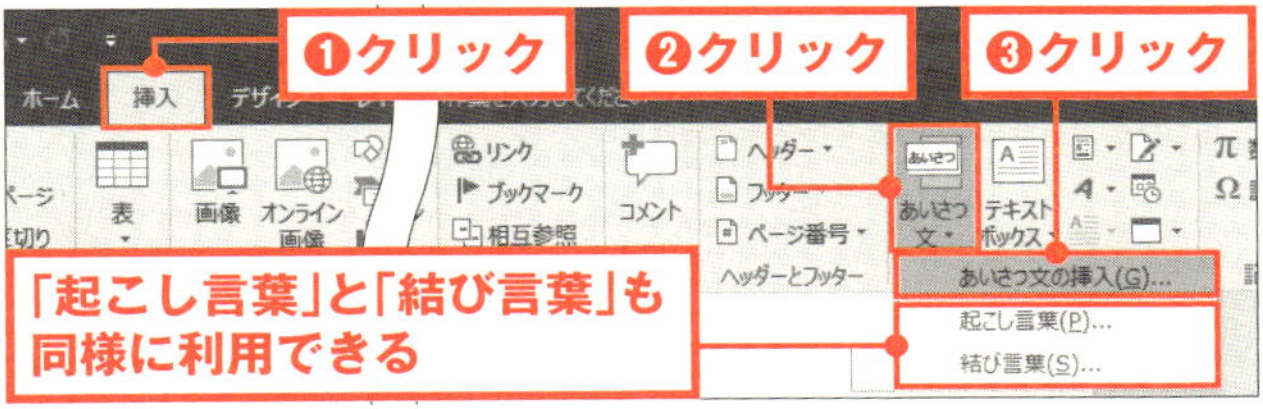

1 あいさつ文を挿入する位置をクリックする。「挿入」タブをクリックして❶、「あいさつ文」をクリックし❷、「あいさつ文の挿入」をクリックする❸。

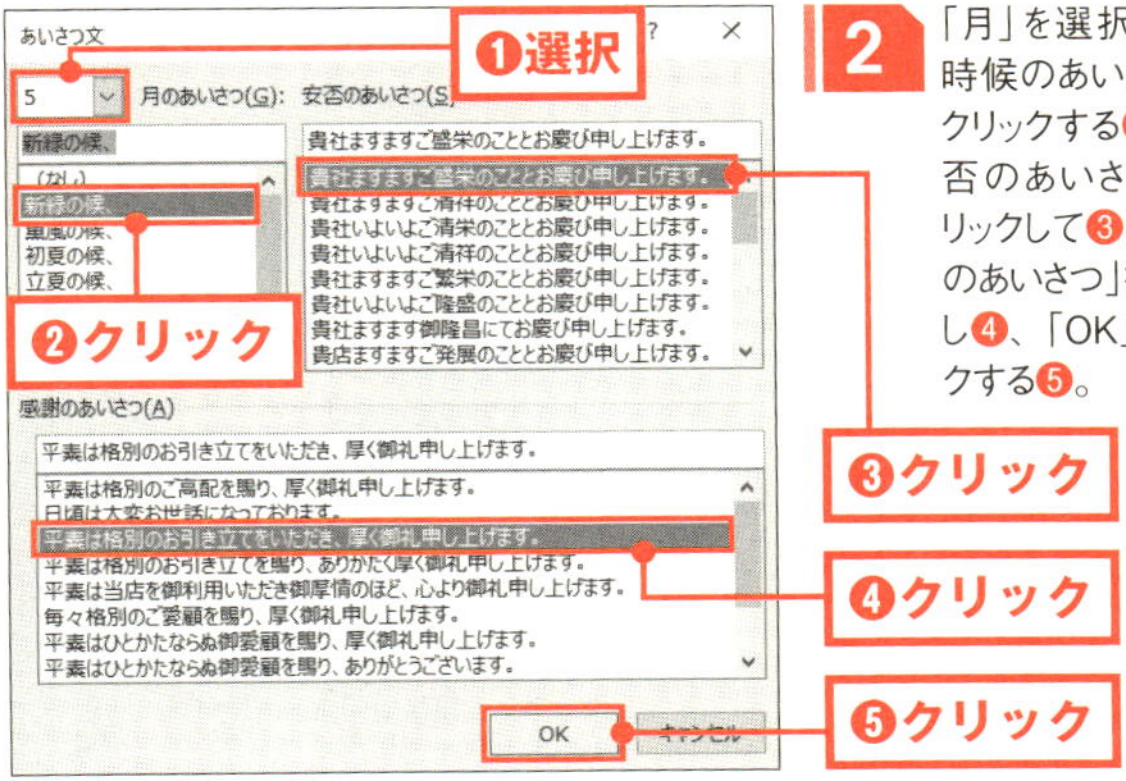

2 「月」を選択して❶、時候のあいさつ文をクリックする❷。「安否のあいさつ」をクリックして❸、「感謝のあいさつ」をクリックし❹、「OK」をクリックする❺。

★One Point !★

最近のビジネスシーンでは、特定の季節とは関係なく、いつでも使える「時下」という言葉がよく利用される。また、頭語と結語の「前略－早々」は、相手によっては失礼にあたる場合もあるので気を付けよう。

文書

052

詳細は「別記事項」にまとめる

ワード

ビジネス文書に求められるのは、用件を正確にわかりやすく、簡潔に伝えることだ。情報が多い場合は、本文を短くして、日時や場所、金額、数量などの項目を**本文の下に別記しておく**。

別記で必要な項目を記述する場合は、通常、本文の下に「**記**」を入力して、行の中央に配置する。続いて、改行して必要な項目を箇条書きで入力し、最終行の末尾に「**以上**」を入力して、右揃えにする。「以上」の下に文章は入れないこと。

なお、「記」で必要事項を記述する場合は、本文中に「下記のとおり」「下記の要領で」などと記載しておくのがルールだ。

ワードには、「記」と入力して「Ｅｎｔｅｒ」キーを押すと、対応する「以上」が自動的に入力される**入力オートフォーマット**機能が用意されているので利用するとよい。「記」は中央揃えに、「以上」は右側に自動的に配置されるので便利だ。

ここがポイント! 「記」に対応する「以上」を自動的に入力する

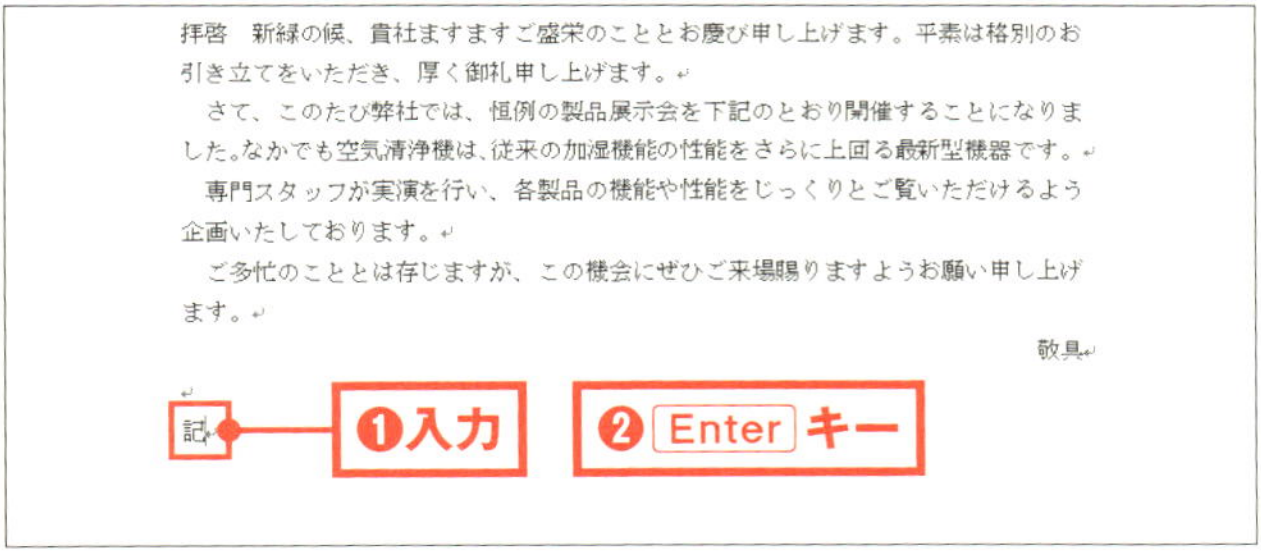
拝啓　新緑の候、貴社ますますご盛栄のこととお慶び申し上げます。平素は格別のお引き立てをいただき、厚く御礼申し上げます。

さて、このたび弊社では、恒例の製品展示会を下記のとおり開催することになりました。なかでも空気清浄機は、従来の加湿機能の性能をさらに上回る最新型機器です。

専門スタッフが実演を行い、各製品の機能や性能をじっくりとご覧いただけるよう企画いたしております。

ご多忙のこととは存じますが、この機会にぜひご来場賜りますようお願い申し上げます。

敬具

記

1 入力する位置をクリックして、「記」と入力し❶、 Enter キーを押す❷。

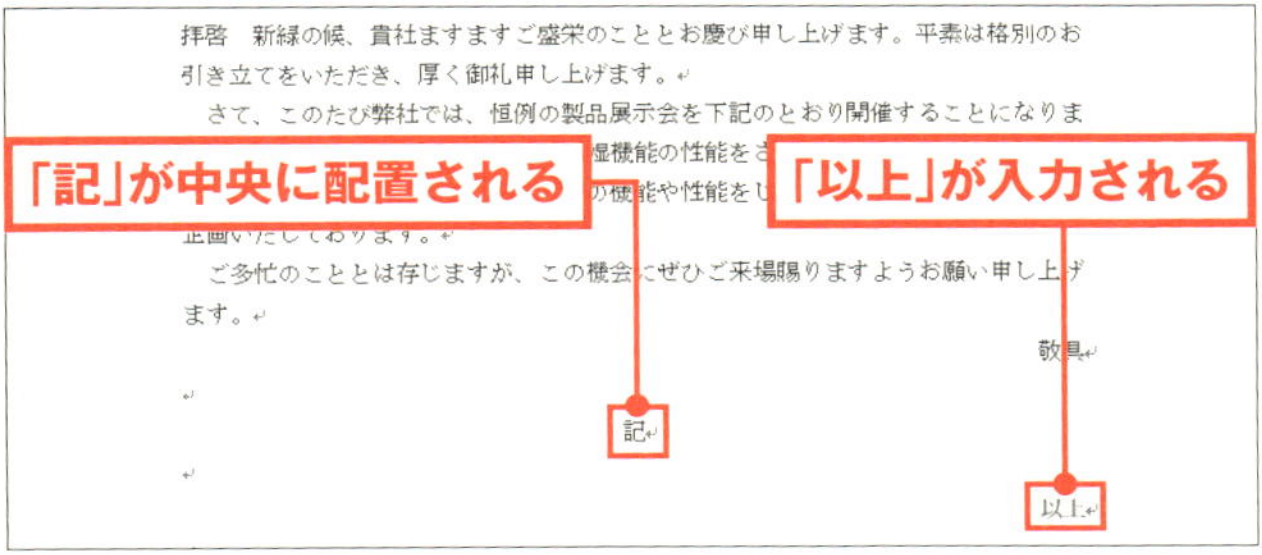
拝啓　新緑の候、貴社ますますご盛栄のこととお慶び申し上げます。平素は格別のお引き立てをいただき、厚く御礼申し上げます。

さて、このたび弊社では、恒例の製品展示会を下記のとおり開催することになりま

湿機能の性能をさ

の機能や性能をじ

企画いたしております。

ご多忙のこととは存じますが、この機会にぜひご来場賜りますようお願い申し上げます。

敬具

記

以上

2 「記」が中央に配置され、「以上」が末尾の右側に入力される。

★One Point !★

「記」で始まり、必要事項を記述して「以上」で締める文章を「記書き」という。記書きは、文書の中でもっとも伝えたい部分を箇条書きにしたものだ。

053

箇条書きで内容を整理する

ワード

ビジネス文書には、長い文章は適さない。文章が長くなる場合は、**箇条書き**を利用しよう。箇条書きにすると、要点を簡潔にまとめることができるので、意図をきちんと伝えることができる。また、文章も読みやすく、わかりやすくなる。

箇条書きは、項目を列挙するだけより、先頭に「・」「●」「■」などの**行頭文字**や、「1.」「2.」……、「①」「②」……などの**段落番号**を付けると見やすくなる。

ワードでは、記号を入力して「スペース」キーを押すと、自動的に箇条書きスタイルが設定され、末尾で「Ｅｎｔｅｒ」キーを押して改行すると、箇条書きスタイルが引き継がれる。番号を付けて箇条書きスタイルを設定した場合は、連続で番号が振られる。

次の行を箇条書きにしたくない場合は、「Ｓｈｉｆｔ」キーを押しながら「Ｅｎｔｅｒ」キーを押すと、そのまま改行できる。行頭文字や段落番号は、まとめて変更することも可能だ。

ここがポイント！ 文章が長くなる場合は箇条書きを利用する

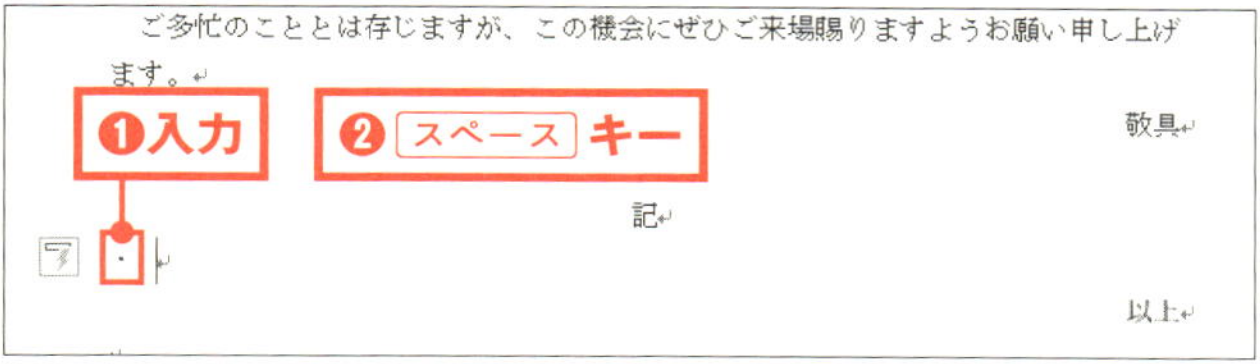

1 「・」や「1.」を入力して❶、 スペース キーを押すと❷、箇条書きスタイルが設定される。

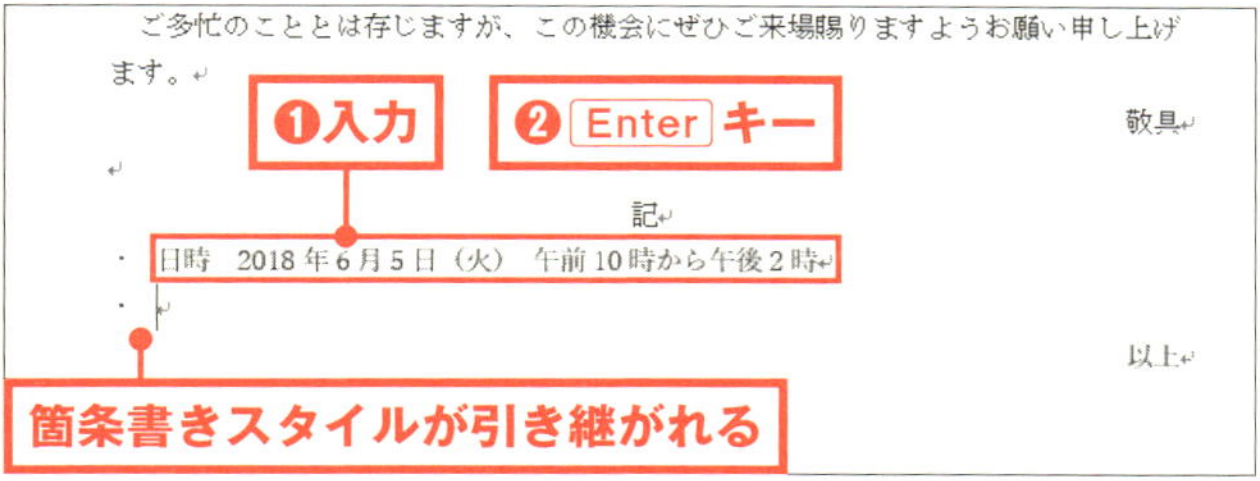

2 項目を入力して❶、 Enter キーを押して改行すると❷、次の行にも箇条書きスタイルが引き継がれる。同様に操作して必要な項目を入力する。

★One Point !★

行頭文字や段落番号の種類を変更する場合は、箇条書きの段落を選択して、「ホーム」タブの「箇条書き」や「段落番号」の▼をクリックし、表示される一覧から選択する。

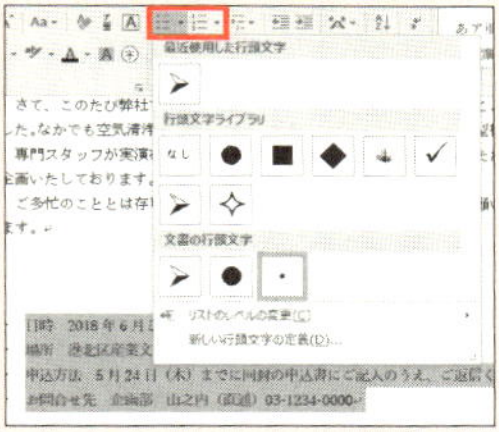

文書

054

項目名は均等に揃える

ワード

箇条書きが複数行になるとき、項目名の部分の文字数が違うと、見栄えがあまりよくない。

いちばん長い文字列に合わせて、文字と文字の間にスペースを入力して揃えようとしても、微妙なズレが生じるなどして、きれいに揃わないことが多い。

ワードには、指定した文字数分の間隔に合わせて文字列を広げたり狭めたりすることができる「**均等割り付け**」機能が搭載されている。この機能を利用すると、箇条書きの項目名の長さをきれいに揃えることができる。

文字列を均等割り付けするには、項目名を選択して、「ホーム」タブの「均等割り付け」をクリックし、表示される「文字の均等割り付け」ダイアログボックスで、何文字分の幅に揃えるのかを文字数で指定する。

なお、均等割り付けは、文書のタイトルの幅を広くするなど、箇条書きの項目名の文字以外にも設定できる。

ここがポイント! 文字の均等割り付けを利用する

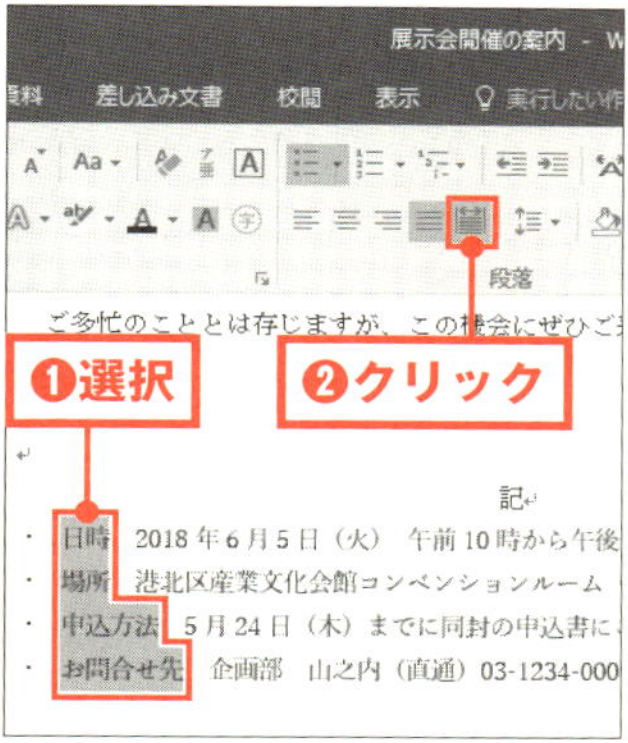

1 幅を揃えたい文字列を選択して❶、「ホーム」タブの「均等割り付け」をクリックする❷。複数行をまとめて選択するには、1行目をドラッグしたあと、2行目をCtrlキーを押しながらドラッグする。3行目以降も同様にドラッグする。

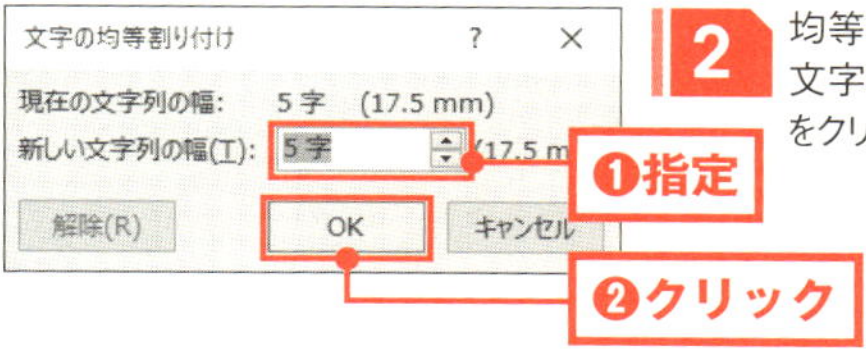

2 均等にしたい幅の分に当たる文字数を指定して❶、「OK」をクリックする❷。

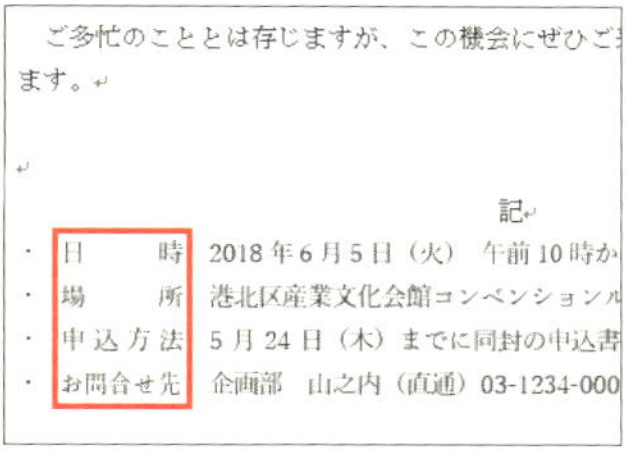

3 文字が指定した文字数分の幅で均等に割り付けられる。

文書

055

個人宛の社内文書は役職名を入れる

ワード

報告書や業務日報、連絡事項の通達など、社内で取り交わされるのが社内文書だ。**社内文書の場合は社外文書と違い、会社名は不要**だ。部署名や役職名は必要に応じて入れる。

上司など個人に宛てる場合は、「〇〇部長」など、**名前の後ろに役職名を入れる**のが一般的だ。「〇〇部長様」のように役職名に敬称を付けるのは誤りだ。役職は敬称なので、二重敬称になる。

ただし、肩書のない人宛ての場合は、「営業部 佐藤様」などと、部署名と氏名、敬称を入れるのが基本だ。

連絡事項などの対象者が複数の場合は、個人名ではなく、「**各位**」「**社員各位**」「**関係者各位**」などとする。なお、各位の意味は「みなさま」の意味だ。「各位様」などとするのも二重敬称になるので、気を付けよう。

また、発信者名にも、部署名と作成者の名前を記述する。文書によっては、部署名だけでよい場合もある。

ここがポイント! 名前の後ろに役職名を入れる

No.2018-515
平成30年5月15日

萩原商品企画部長

新商品開発モニター会議報告書

表題の件につき、下記のとおりご報告いたします。

記

1. 日　時　　平成30年5月10日

社内文書の場合は、会社名は不要。名前の後ろに役職名を入れるのが一般的。

No.2018-105
平成30年5月10日

各位

総務部　豊川真史

ボランティア活動参加のお願い

本社のある坂の上自治会は、地域周辺の生活環境をよくするためのボランティア活動を行っています。来月は「初夏の清掃運動」として、地区にある2か所の公園を中心に坂の上通りの早朝清掃を計画しています。地域住民だけでなく、この地区で働く者も地域の環境整備に責任を持っていくためのものです。

連絡事項などの対象者が複数の場合は、「各位」「関係者各位」などとする。発信者名は、部署名と作成者の名前を記述する。

社内向け文書にあいさつ文は必要ない

社内文書では**効率が優先**される。社外文書に記述する「拝啓」「敬具」といった頭語や結語、時候のあいさつ文、末文の**あいさつ文などは省略**する。敬語も社会人としての常識的な範囲内で使用すればよい。ただし、本社と支社、部署間など、ある程度のコミュニケーションをとる必要のある場合には、かんたんなあいさつ文を添えるほうがよいだろう。

本文も簡潔かつ正確な記述を心がける。必要事項が短時間で把握できるように、件名や主文は短く、詳細項目は箇条書きにする。

文書の結びは「**以上**」で締める。問い合わせなどのために担当者名を記述する場合は、「以上」の下に記述する。社内文書には文書番号を付ける場合も多いので、会社のルールに従おう。

なお、出張報告書や業務日報など、社内で頻繁に取り交わされる文書の場合は、会社独自のフォーマットを決めていることが多い。あらかじめ確認しよう。

ここがポイント！ 社内文書は事務的に用件のみを記載する

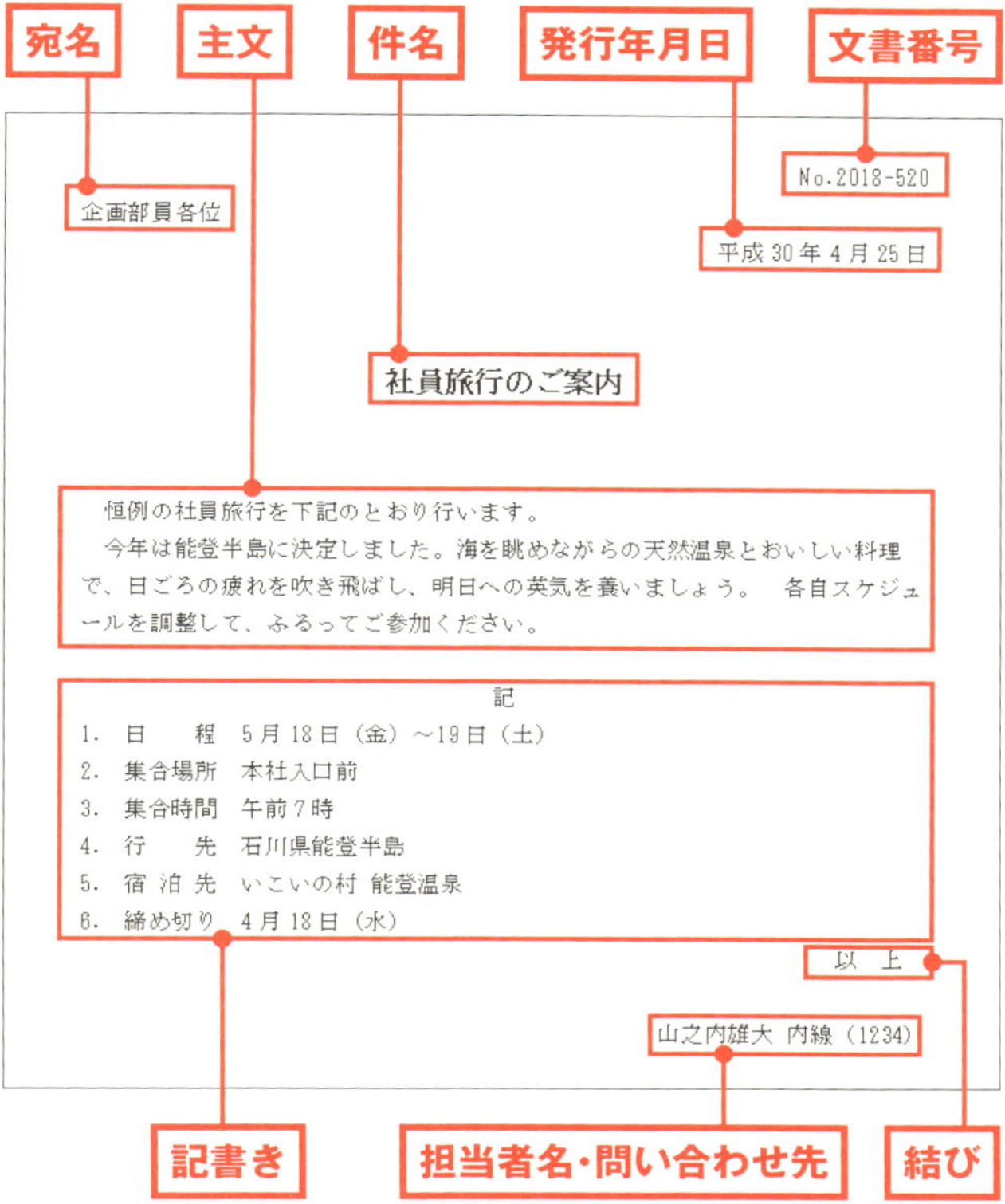

No.2018-520

平成 30 年 4 月 25 日

企画部員各位

社員旅行のご案内

恒例の社員旅行を下記のとおり行います。

今年は能登半島に決定しました。海を眺めながらの天然温泉とおいしい料理で、日ごろの疲れを吹き飛ばし、明日への英気を養いましょう。　各自スケジュールを調整して、ふるってご参加ください。

記

1. 日　　程　5 月 18 日（金）～19 日（土）
2. 集合場所　本社入口前
3. 集合時間　午前 7 時
4. 行　　先　石川県能登半島
5. 宿 泊 先　いこいの村 能登温泉
6. 締め切り　4 月 18 日（水）

以　上

山之内雄大　内線（1234）

社内文書は、必要事項が短時間で把握できるように、件名や主文は短く、詳細項目は箇条書きにして、簡潔かつ正確に記述する。頭語や結語、時候のあいさつ文、末文のあいさつ文などは省略する。

文書

057

文書を作り終えたら必ず校正する

ワード

ビジネス文書では、自分ではきちんと書いたつもりでも、ミスがあれば目的が果たせないばかりか、場合によってはトラブルに発展することもある。**文書を作成したら、最低でも1回以上は見直そう。**

相手の会社名や役職名、名前などに誤りはないか、敬称が適切に使われているか、日時や場所、金額、個数などに間違いはないか。さらに、敬語が正しく使われているか、誰が読んでも意味がわかる表現になっているかなど、すべての項目にわたって確認すること。

誤字脱字、漢字の変換ミス、表記の間違いなど、**校正としてのチェック**も必要だ。先輩や上司にチェックしてもらうことも有効だが、ワードの機能も利用するとよい。ワードには、**不自然な語句や表記の不統一、英語のスペルミスなどを自動的に指摘してくれる**機能が搭載されている。自分では気付かなかったミスを発見してくれる場合もあるので、適宜利用するとよいだろう。

ここがポイント！ 「スペルチェックと文章校正」でミスを防ぐ

1 「校閲」タブをクリックして❶、「スペルチェックと文章校正」をクリックする❷。

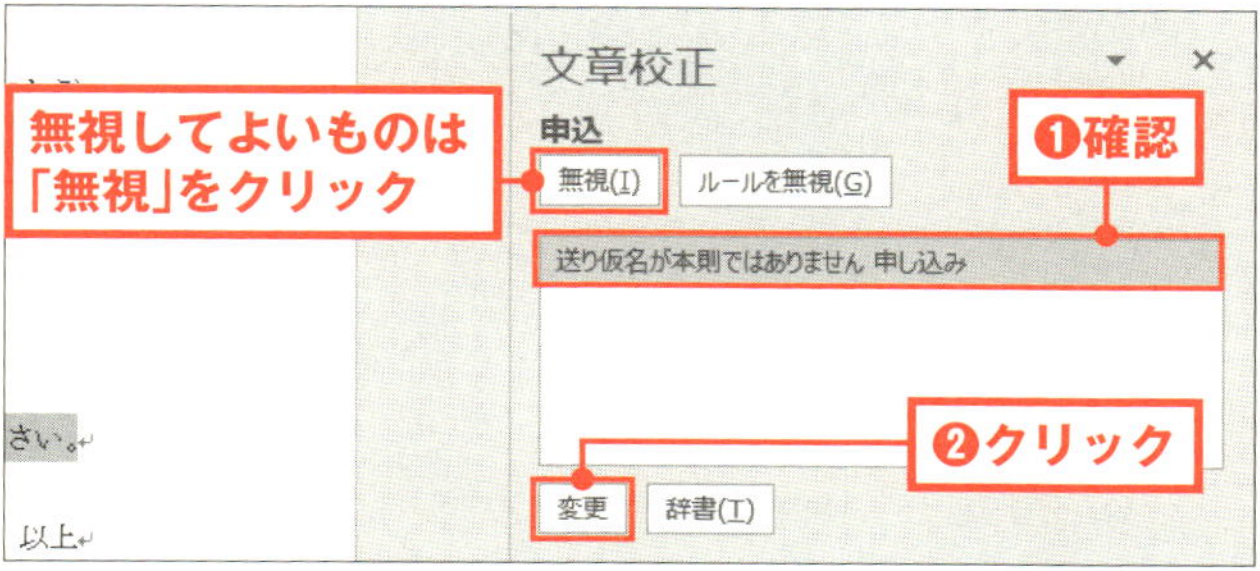

2 修正の提案があると「文章校正」作業ウィンドウが表示される。その場合は、修正箇所を確認して❶、「変更」をクリックすると❷、正しい文章に変更される。無視してよいものは「無視」をクリックすれば修正されない。

★One Point !★

文章校正がうまく行われないときは、文書のスタイルを設定するとよい。「ファイル」タブ→「オプション」→「文章校正」の順にクリックし、「Wordのスペルチェックと文章校正」の「文書のスタイル」で、「くだけた文」「公用文」など、対象の文書のスタイルを選択して、「OK」をクリックする。

文書

058

ワード

行間を調整して読みやすくする

ビジネス文書を作成し終えたら、全体のレイアウトのバランスを見てみよう。ビジネス文書は、用件を正確、簡潔に伝えることが重要だが、見た目も大切だ。

文書を読みやすくするためには、行間を適切な広さにすることが重要だ。文章が少ない場合でも、行と行の間隔が狭すぎると、読みにくい印象を与えてしまう。行間が狭い場合は、行間を広げて読みやすくしよう。

行間を広げるには、「ホーム」タブの「**行と段落の間隔**」をクリックし、一覧から行間を選択する。

また、文章の話題の区切りなどで、段落の上下に若干の空きを入れてもよいだろう。段落の上だけ、あるいは下だけに空きを入れるには、空きを入れたい行をクリックして、「ホーム」タブの「行と段落の間隔」をクリックし、「**段落前（後）に間隔を追加**」をクリックする。これで、適切なスペースが段落前や段落後に自動的に追加される。

ここがポイント! 行間を広げて読みやすくする

▼行間を広げる

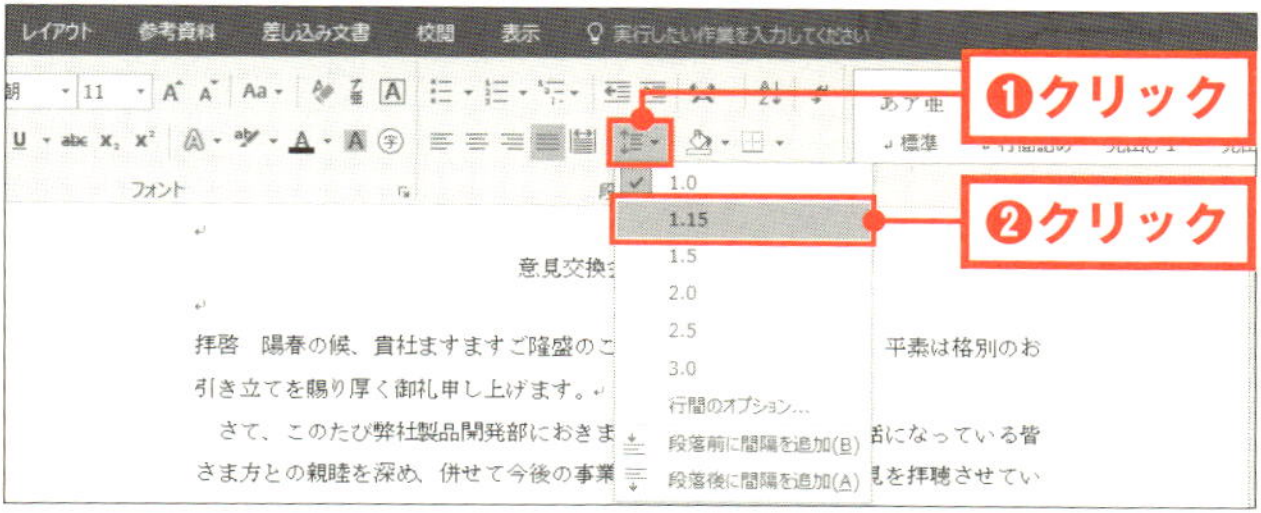

1 行間を広げたい段落を選択して、「ホーム」タブの「行と段落の間隔」をクリックする❶。いずれかの間隔の数値にマウスポインターを合わせると、結果が表示されるので、適切だと思われる数値をクリックする❷。

▼段落の上下の空きを調整する

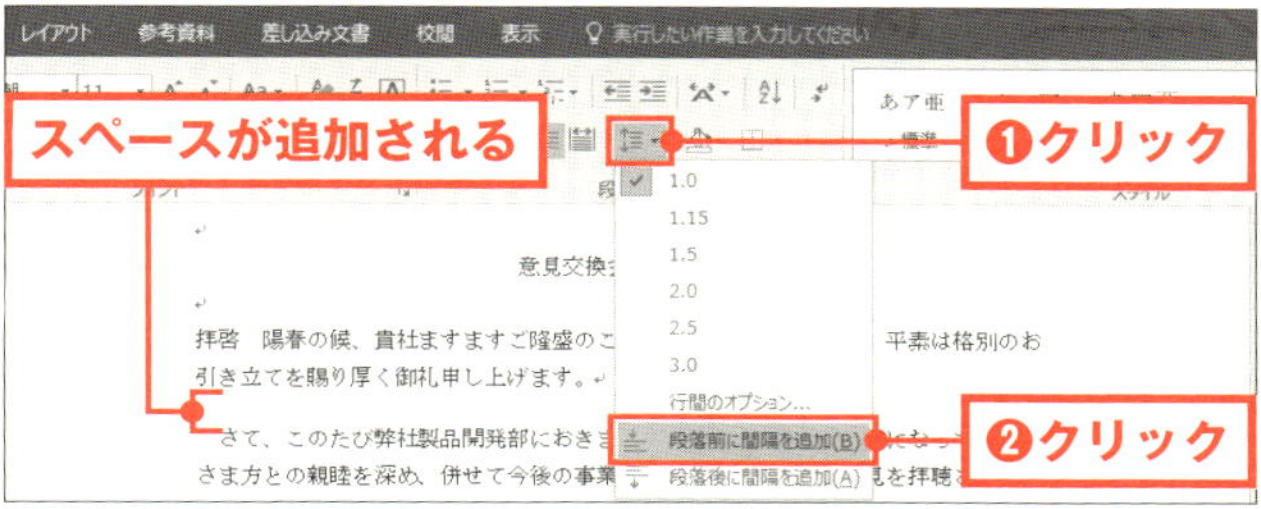

1 空きを入れたい行をクリックして、「ホーム」タブの「行と段落の間隔」をクリックし❶、「段落前に間隔を追加」(あるいは「段落後に間隔を追加」)をクリックすると❷、段落前や段落後に適切なスペースが追加される。

文書

059

複数人で編集するときは変更履歴を記録する

ワード

ビジネスシーンでは、文書の内容を複数人のメンバーで検討しながら完成させることが多い。この場合、文書を印刷してメンバーで回覧し、それぞれが編集した結果をまとめることもあるが、ワードでは、この作業を文書ファイルのまま行うことが可能だ。文書ファイルのままなら、メールでやりとりしたり、OneDrive（162ページ参照）に保存して、共同で編集することもできるので効率的だ。

こういった**共同作業に役立つ**のがコメント（148ページ参照）と**変更履歴**だ。変更履歴とは、文書に加えられた変更が記録される機能のことだ。変更履歴を利用すると、編集作業が済んだあとで記録された修正箇所を確認し、必要なところだけ選択して反映することができる。

変更履歴は、初期設定では変更箇所の左に縦棒が表示されるだけだが、設定を変更すると、変更箇所が色付きの文字で表示され、変更箇所とコメント、変更を行った人の名前などが表示される。

ここがポイント! 変更履歴で修正箇所を確認する

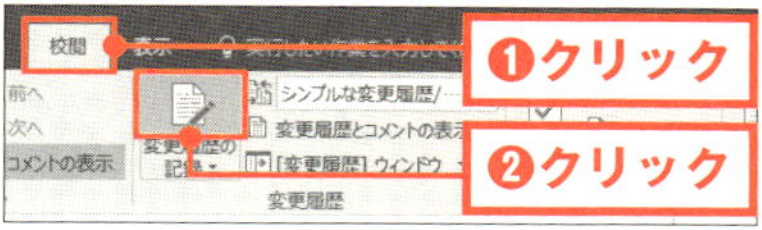

1 「校閲」タブをクリックして❶、「変更履歴の記録」をクリックする❷。

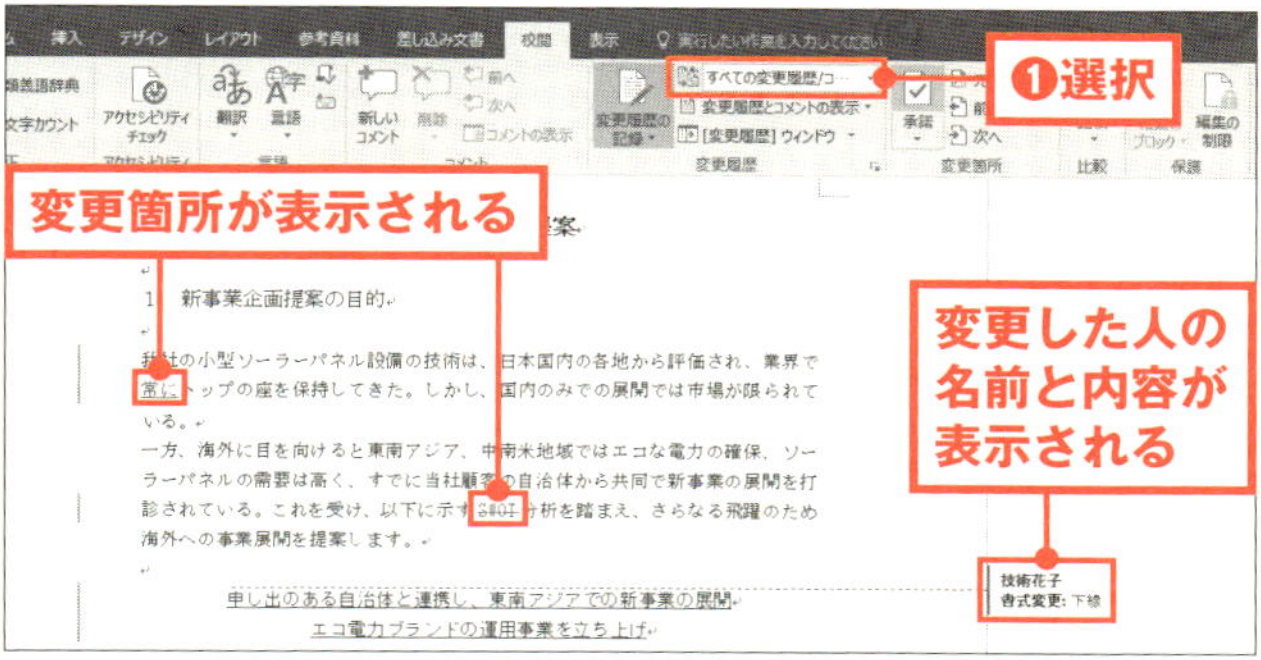

2 編集後、「校閲」タブの変更内容の表示方法で「すべての変更履歴/コメント」を選択すると❶、変更箇所が色付きの文字で表示される。また、文章の横には変更した人の名前と変更内容が表示される。

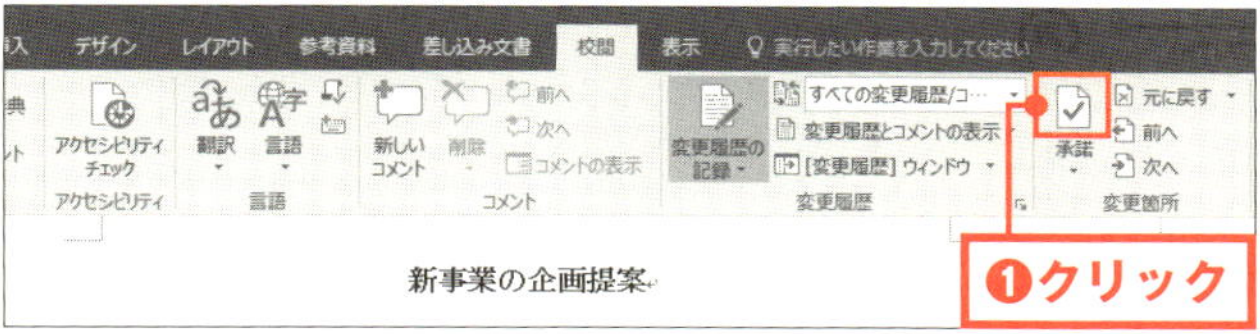

3 「校閲」タブの「承諾して次へ進む」をクリックすると❶、変更が反映される。変更を取り消す場合は、「元に戻す」をクリックする。編集が済んだら、「変更履歴の記録」をクリックしてオフにする。

文書

060

表の項目名は中央揃え、数値は右揃えにする

エクセル

ビジネスシーンでは、見積書や請求書、発注書、精算書など、計算を必要とする文書は、エクセルで作成するのが一般的だ。エクセルでは、数式や関数を使った計算がかんたんに行えるので、電卓を利用する必要がなく、計算間違いも起こりにくい。

　また、見積書などの文書は、表を基本としたものが多く、レイアウトもほぼ固定されている。入力すべき値の種類もあらかじめ決まっているので、エクセル向きといえる。

　エクセルではシートに表示されているマス目（セル）に文字や数値を入力する。初期状態では、日本語や英字は左揃えで、数値は右揃えで表示されるが、文字をセル内のどこに配置するかは、用途によって異なる。通常、表の1行目には項目名（列見出し）を入れるが、**項目名はセルの左右中央に配置**されることが多い。**品名などは左揃え**に、**数値は右揃え**に設定するのが一般的だ。

ここがポイント! 適切な位置に文字を配置する

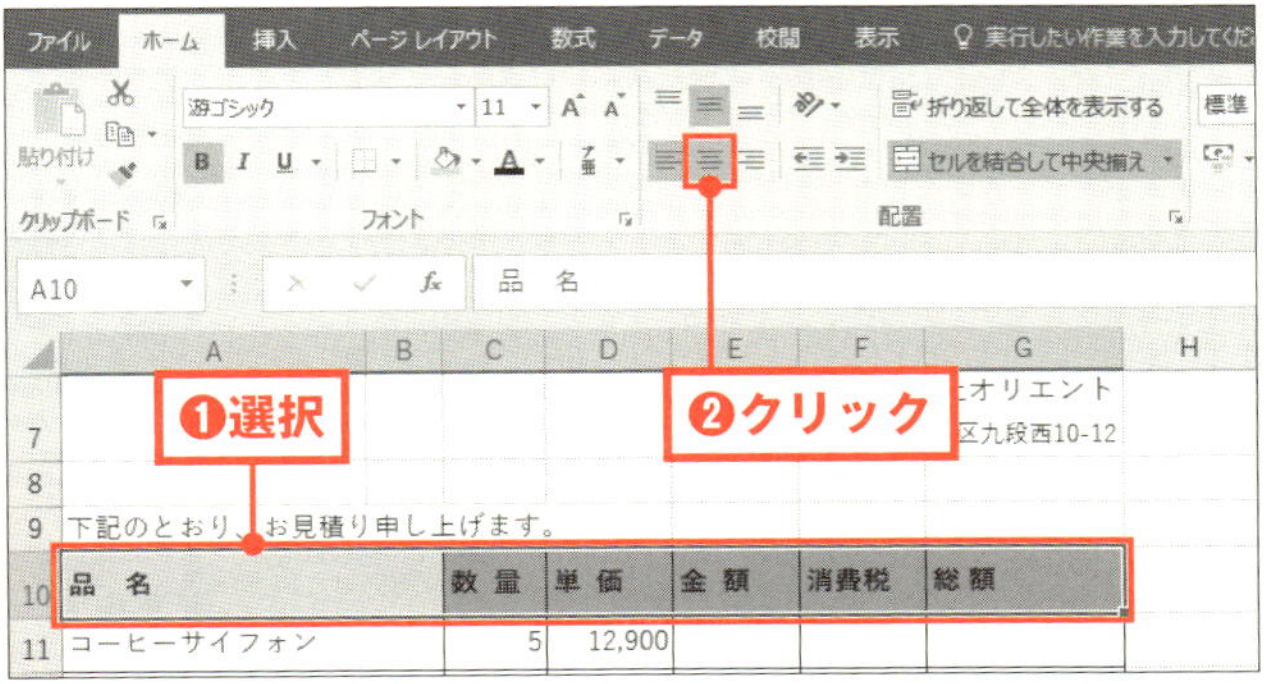

1 セルをドラッグして選択し❶、「ホーム」タブの「中央揃え」をクリックする❷。

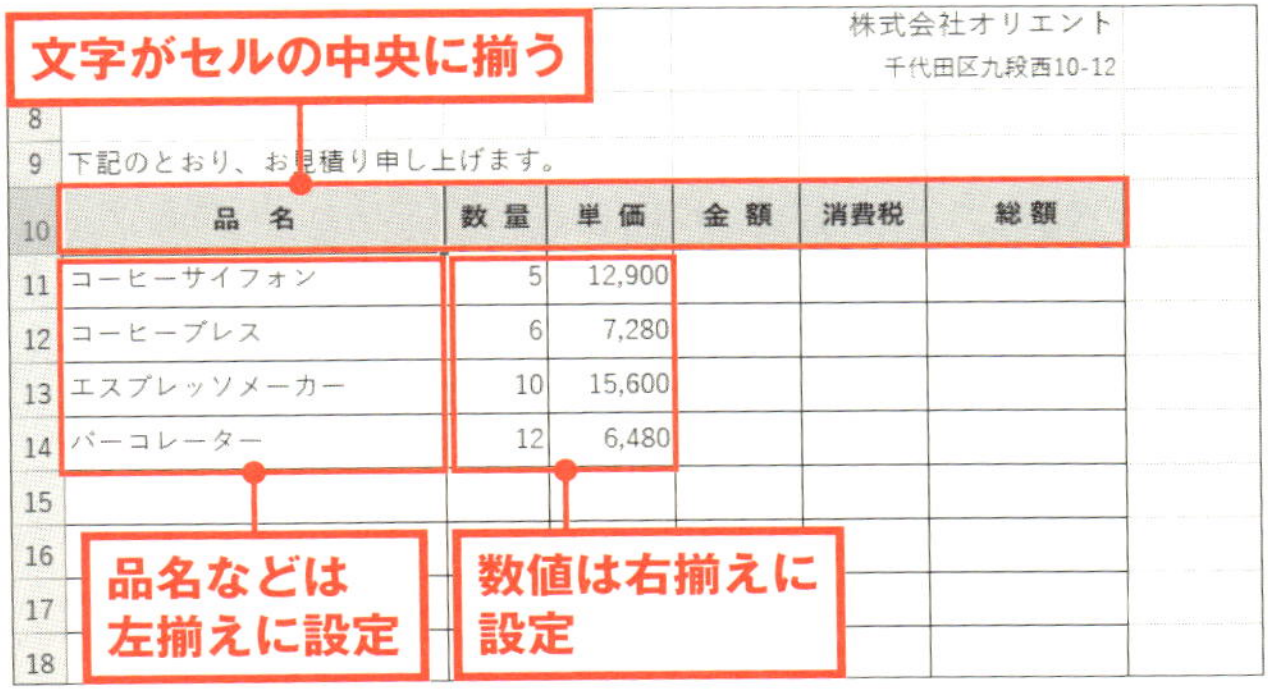

2 文字がセルの中央に揃う。品名などは左揃えに、数値は右揃えに設定する。

文書

061

決まったデータはリストから選べるようにする

エクセル

見積書や請求書、精算書などを作成する際は、同じ品名や費目を入力することが多く、面倒だし、ミスも起こりやすい。

このような場合は、エクセルの「**データの入力規則**」を利用するとよい。データの入力規則を設定して、セルにドロップダウンリストを表示させると、**リストの一覧からデータを選択して入力**できるようになる。

データの入力規則を設定するには、「データ」タブの「データの入力規則」をクリックする。表示される「データの入力規則」ダイアログボックスの「入力値の種類」で「リスト」を選択したら、「元の値」に入力候補を設定する。

なお、「データの入力規則」の「元の値」には、入力候補を直接入力することもできるが、あらかじめセルに入力した項目をセル参照で指定するほうが便利だ。セル参照を利用すると、セルに入力したデータが更新されると、「データの入力規則」の値も自動的に更新される。

ここがポイント!

「データの入力規則」を利用して入力候補を設定する

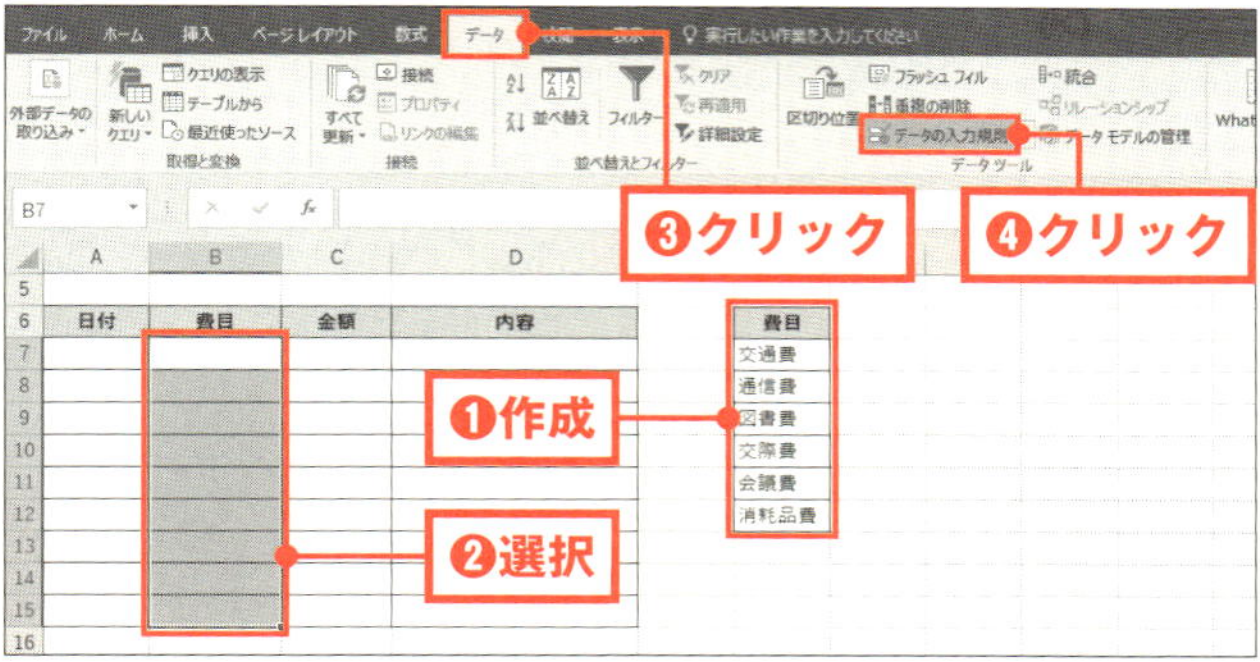

1 最初に入力候補(ここでは「費目」)の表を作成する❶。データを入力する範囲を選択して❷、「データ」タブをクリックし❸、「データの入力規則」をクリックする❹。

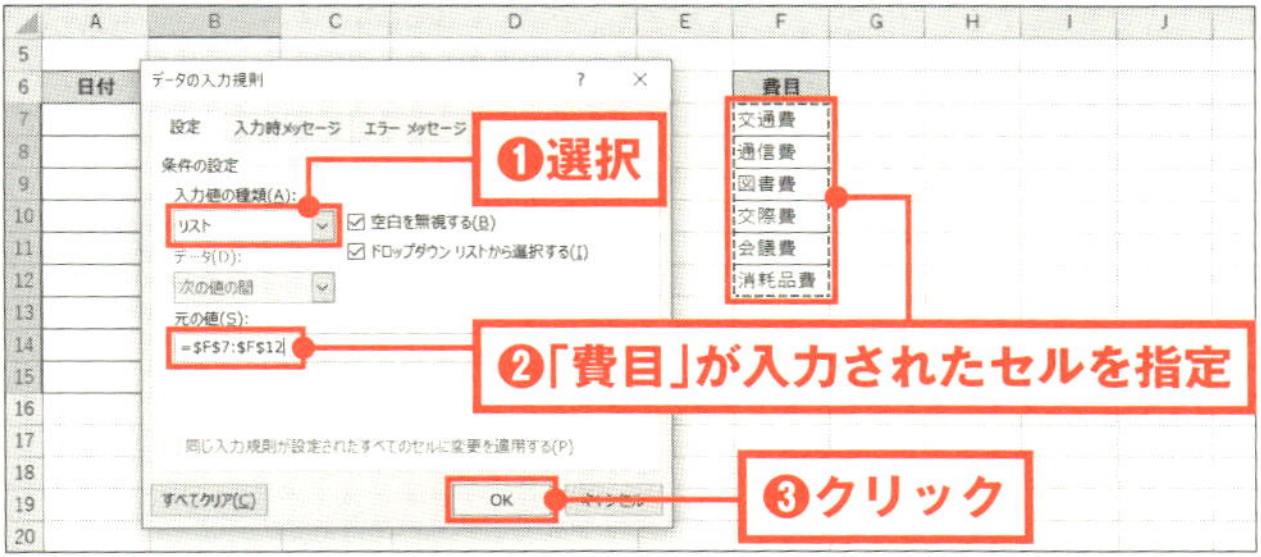

2 「入力値の種類」で「リスト」を選択し❶、「元の値」をクリックして、「費目」が入力されたセル範囲をドラッグして指定し❷、「OK」をクリックする❸。候補を直接入力する場合は、「元の値」にデータを半角の「,」(カンマ)で区切って入力する。

文書

062

入力できる値の範囲を制限する

エクセル

数値の入力ミスを防ぎたいときは、**「データの入力規則」**を利用するとよい。入力できる値を制限して、**不要な値が入力されないように設定**できる。

数値を制限する場合は、「データ」タブの「データの入力規則」をクリックし、表示される「データの入力規則」ダイアログボックスの「入力値の種類」で「整数」を選択する。「データ」をクリックすれば、入力する値の上限や下限、許可する特定の値などを設定できる。

たとえば、上限と下限の両方を制限したいときは、「次の値の間」を選択して、「最小値」と「最大値」を指定する。

入力規則で設定した値以外の数値を入力しようとすると、「この値は、このセルに定義されている~を満たしていません。」というようなメッセージが表示されるので、誤入力を防ぐことができる。

なお、「入力値の種類」では、数値のほか、日付や時刻、文字列の長さなども制限する項目として選択できる。

ここがポイント! 「データの入力規則」を利用して入力できる値を制限する

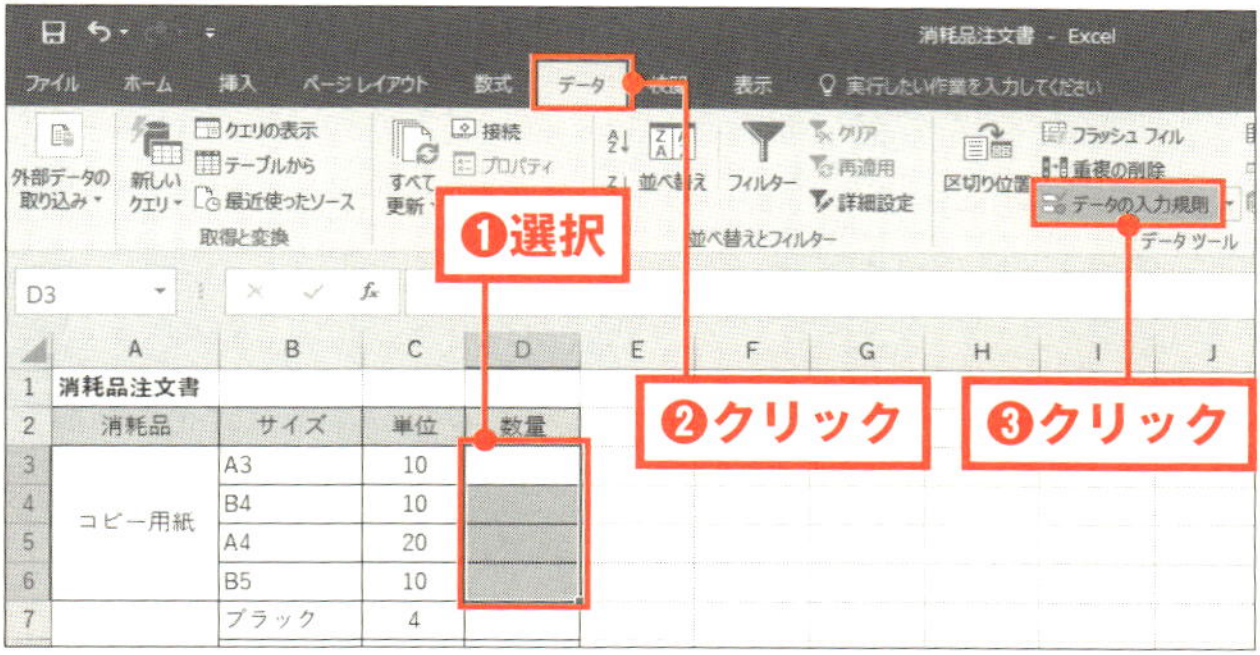

1 対象のセル範囲を選択して❶、「データ」タブをクリックし❷、「データの入力規則」をクリックする❸。

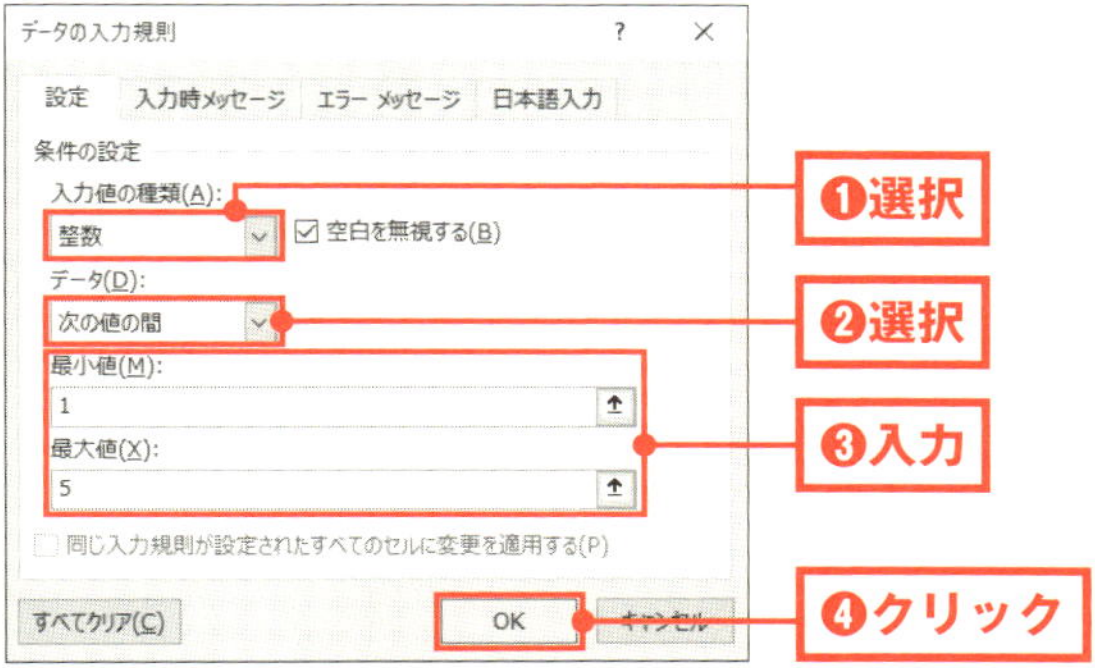

2 「入力値の種類」で「整数」を選択する❶。ここでは、「データ」で「次の値の間」を選択して❷、「最小値」と「最大値」(ここではそれぞれ「1」と「5」)を入力し❸、「OK」をクリックする❹。

文書

063

セルを保護して書き換えられないようにする

エクセル

　複数人でファイルを共有するとき、データを書き換えられたり、削除されたりすると困るセルがある場合は、「**シートの保護**」を設定しておくとよい。

　シートの保護とは、データが変更されたり削除されたりしないように、シートを保護する機能のことだ。万が一保護を解除されないように、パスワードを設定することもできる。

　なお、初期設定のままでは、シートの保護を設定すると、すべてのセルが編集できなくなる。はじめに**入力や編集を許可するセルのロックを解除**してから、シートの保護を設定しよう。

　セルのロックを解除するには、入力や編集を許可するセル範囲を選択して、「ホーム」タブの「書式」をクリックし、「セルのロック」をクリックする。

　続いて、「ホーム」タブの「書式」をクリックして、「シートの保護」をクリックし、パスワードを必要に応じて入力すると、シートの保護を設定できる。

ここがポイント! 入力を許可するセルのロックを解除し、シートを保護する

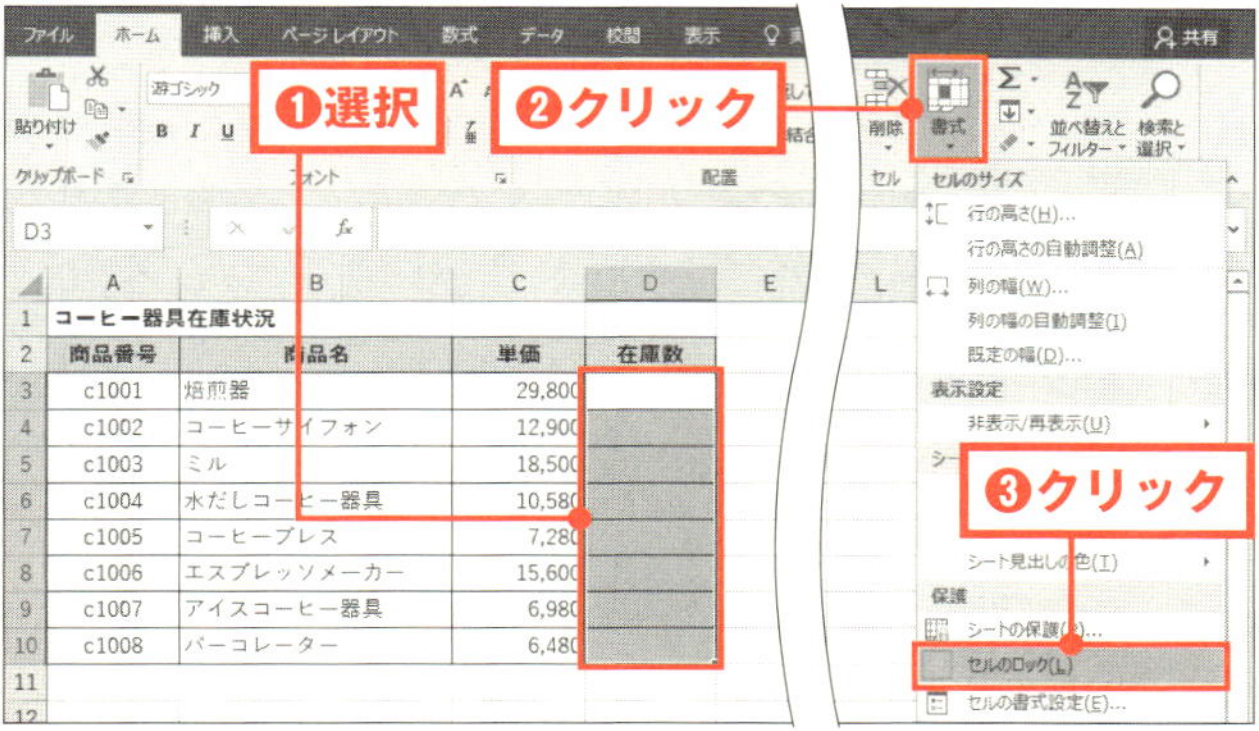

1 入力や編集を許可するセル範囲を選択して❶、「ホーム」タブの「書式」をクリックし❷、「セルのロック」をクリックする❸。続いて、「書式」をクリックして、「シートの保護」をクリックする。

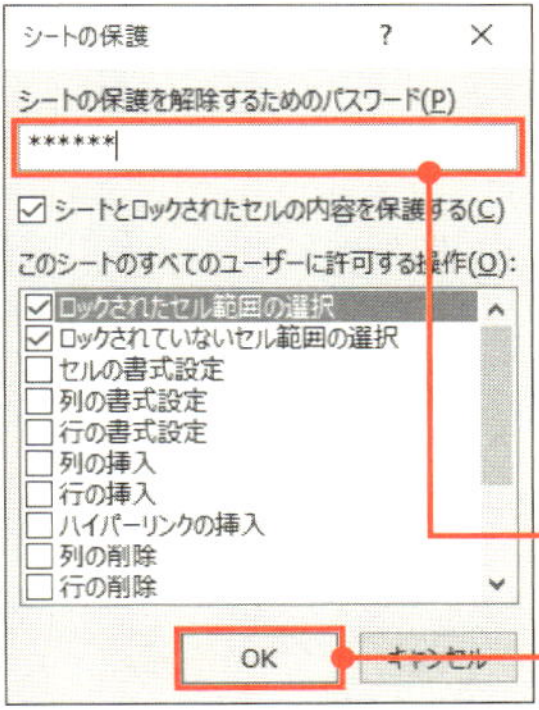

2 必要であればパスワードを入力して❶、「OK」をクリックする❷。パスワードを設定した場合は、再度入力を求められるので、同じパスワードを入力して、「OK」をクリックする。シートの保護を解除する場合は、「校閲」タブの「シート保護の解除」をクリックして、パスワードを入力し、「OK」をクリックする。

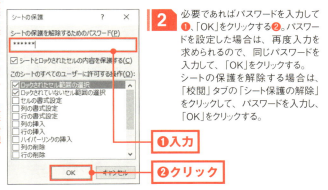

文書

064

印刷範囲が正確か確認する

エクセル

文書を1ページに収まるように作成したつもりなのに、印刷すると2ページになってしまう。印刷プレビューで確認しても、2ページ目には何も表示されない。この原因としては、2ページ目に罫線が残っていたり、セルに文字が収まっていなかったりすることが考えられる。

エクセル文書を印刷するときは、表示を**改ページプレビュー**にするとよい。印刷範囲と、どの位置で改ページされるのかを確認できる。改ページプレビューに2ページ目が表示された場合は、そこに余計なものがないか探してみよう。罫線などが残っていた場合は、削除するとよい。

また、改ページプレビューでは、**印刷範囲を設定**できる。余計なものが見つからず、原因もわからない場合は、必要な部分だけが印刷されるように調整するとよい。

ファイルを人に渡す場合は、とくに印刷範囲に気を付けよう。余計な部分が印刷されないようにすることもマナーだ。

ここがポイント! 必要な部分のみが印刷されるように印刷範囲を設定する

▼改ページプレビューを表示して、印刷範囲を調整する

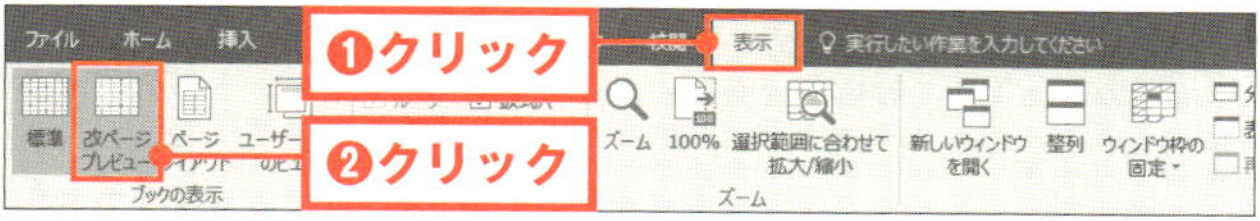

1 「表示」タブをクリックして❶、「改ページプレビュー」をクリックする❷。

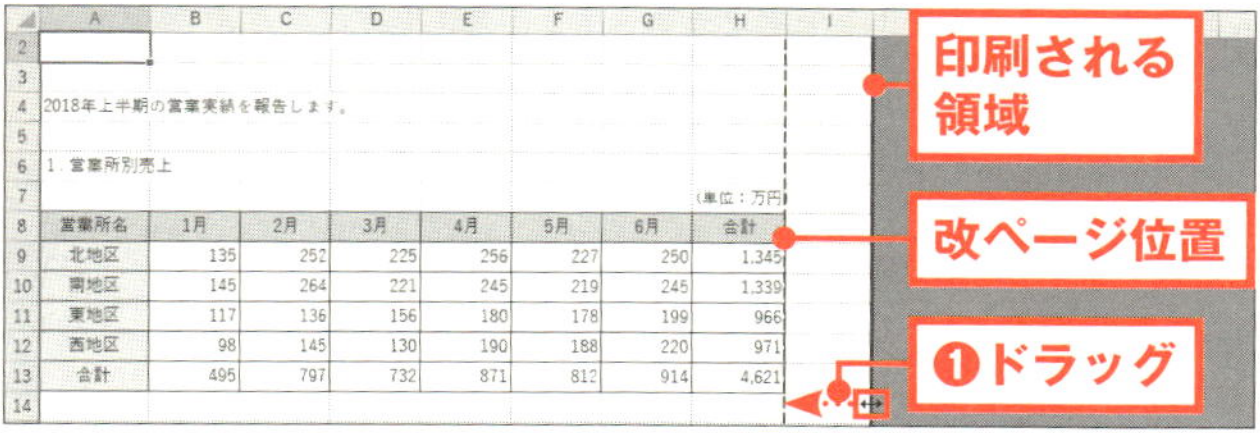

	A	B	C	D	E	F	G	H
2								
3								
4	2018年上半期の営業実績を報告します。							
5								
6	1.営業所別売上							
7								(単位：万円)
8	営業所名	1月	2月	3月	4月	5月	6月	合計
9	北地区	135	252	225	256	227	250	1,345
10	南地区	145	264	221	245	219	245	1,339
11	東地区	117	136	156	180	178	199	966
12	西地区	98	145	130	190	188	220	971
13	合計	495	797	732	871	812	914	4,621
14								

2 改ページプレビューが表示される。印刷される領域が青い太線で囲まれ、改ページ位置に破線が表示されるので、2ページ目に余計なものがある場合は削除する。印刷範囲を調整する場合は、太線をドラッグする❶。

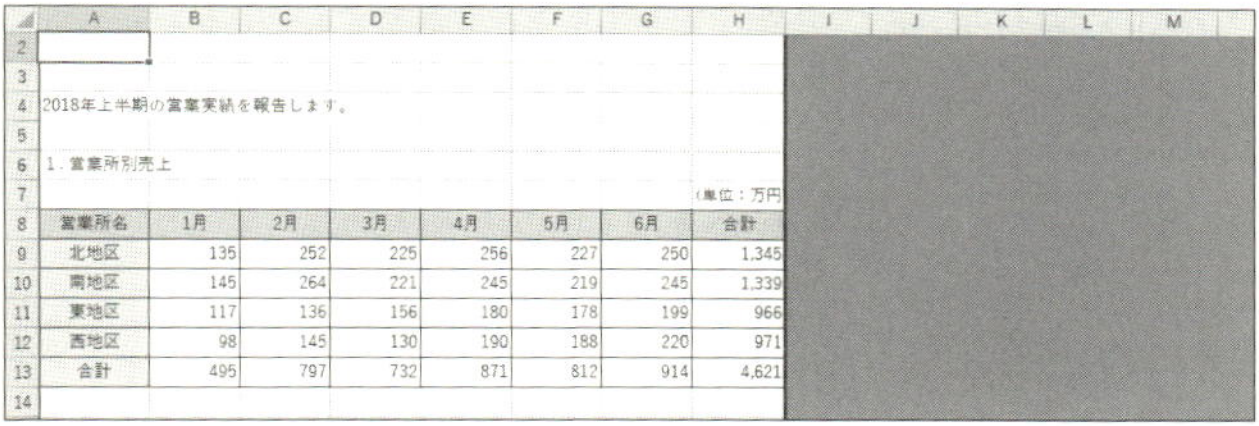

	A	B	C	D	E	F	G	H
2								
3								
4	2018年上半期の営業実績を報告します。							
5								
6	1.営業所別売上							
7								(単位：万円)
8	営業所名	1月	2月	3月	4月	5月	6月	合計
9	北地区	135	252	225	256	227	250	1,345
10	南地区	145	264	221	245	219	245	1,339
11	東地区	117	136	156	180	178	199	966
12	西地区	98	145	130	190	188	220	971
13	合計	495	797	732	871	812	914	4,621
14								

3 印刷範囲が調整される。

文書

065

テンプレートを用意して文書作成を効率化する

ワード
エクセル

見積書や注文書、送付状など、頻繁に利用する文書は、共通部分を**テンプレート**として保存しておくと便利だ。テンプレートとは、文書を作成する際に**ひな形となるファイル**のことをいう。

作成したテンプレートは専用のフォルダーに保存されるので、繰り返し利用できるだけでなく、誤ってもとのファイルを上書きしてしまう心配もない。

また、ワードやエクセルには、目的に合わせたテンプレートが多数用意されている。アプリのインストール時には、主なテンプレートのみが保存され、それ以外は、Ｍｉｃｒｏｓｏｆｔのウェブサイトからダウンロードして使えるようになっている。利用できそうなテンプレートをダウンロードして編集し、自分用のテンプレートとして保存してもよいだろう。

なお、会社によっては、既定の様式が用意されている場合もある。使い勝手が悪い場合は、テンプレートの変更を提案するのも一考だ。

ここがポイント! 頻繁に利用する文書はテンプレートとして保存しておく

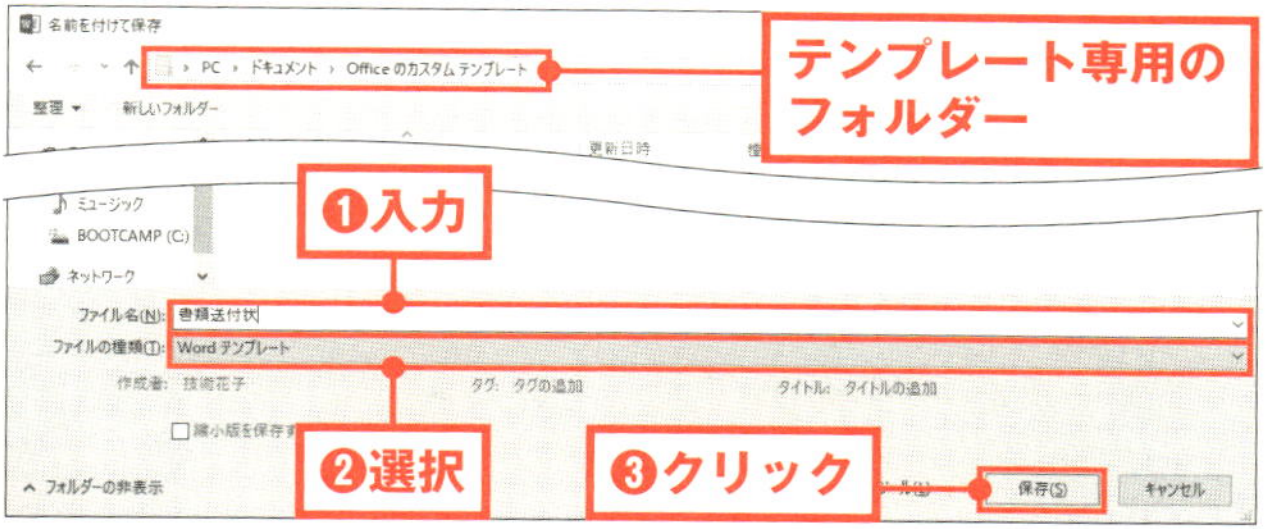

1 ひな形の文書を作成して、「名前を付けて保存」ダイアログボックスを表示する。ファイル名を入力して❶、ファイルの種類で「Wordテンプレート」または「Excelテンプレート」を選択すると❷、保存先が「Officeのカスタムテンプレート」に指定されるので、「保存」をクリックする❸。

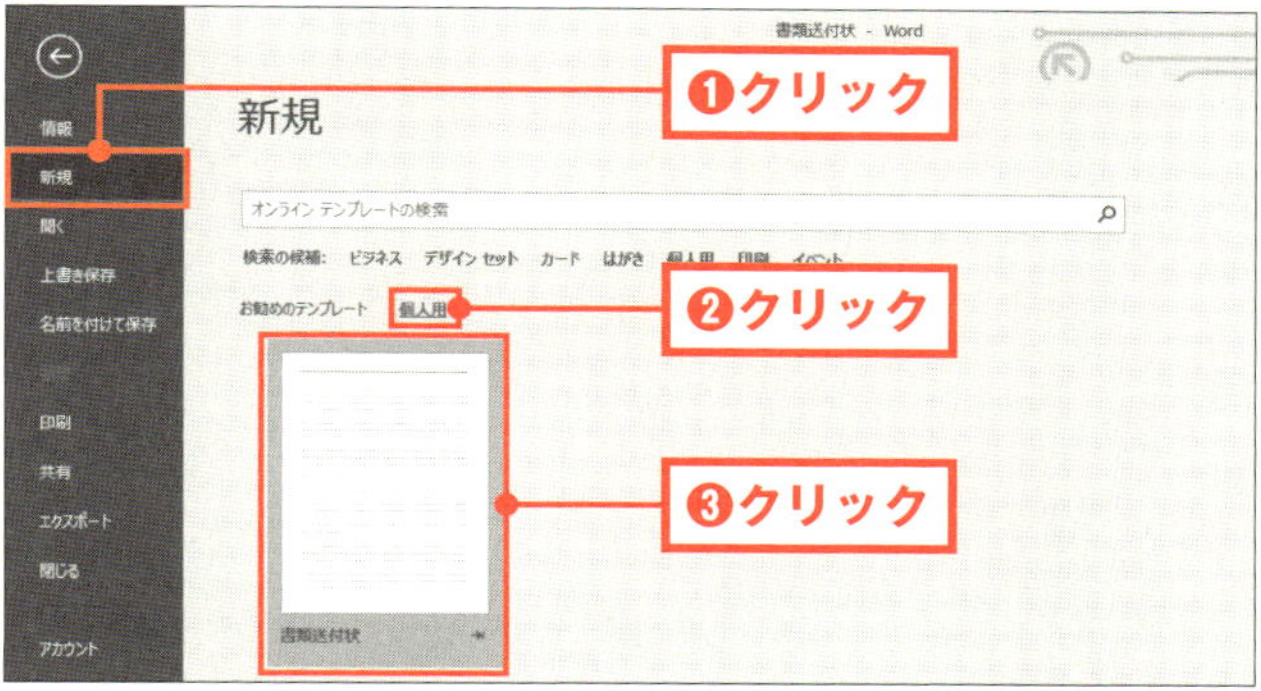

2 保存したテンプレートを利用する場合は、「ファイル」タブをクリックして「新規」をクリックする❶。「個人用」をクリックすると❷、保存したテンプレートが表示されるので、クリックする❸。

文書

066

補足が必要な箇所にはコメントを入れる

ワード
エクセル

文書中に、自分自身の覚書や共同作業者へのメモを入れたいが、文書のレイアウトが崩れてしまうので、本文やセル内に入力できないことがある。こういう場合に便利なのが「**コメント**」機能だ。付箋を貼るように文章を追加できる。

ワードでは、文章から吹き出しを引き出して、コメントを入力することができる。コメントにはユーザー名が明記されるので、文書を複数の人と共有する場合など、誰のコメントかがすぐにわかって便利だ。

エクセルでは、セルにコメント用の吹き出しが表示される。コメントを入力して、吹き出し以外をクリックすると、コメントが非表示になるが、コメントを挿入したセルの右上には赤い三角マークが付くので、コメントが挿入されていることがわかる。セルにマウスポインターを合わせるとコメントが再表示される。コメントにユーザー名が明記されるのはエクセルもワードと同様だ。

ここがポイント！ 文書に影響を与えずにコメントを挿入する

▼ワードでコメントを挿入する

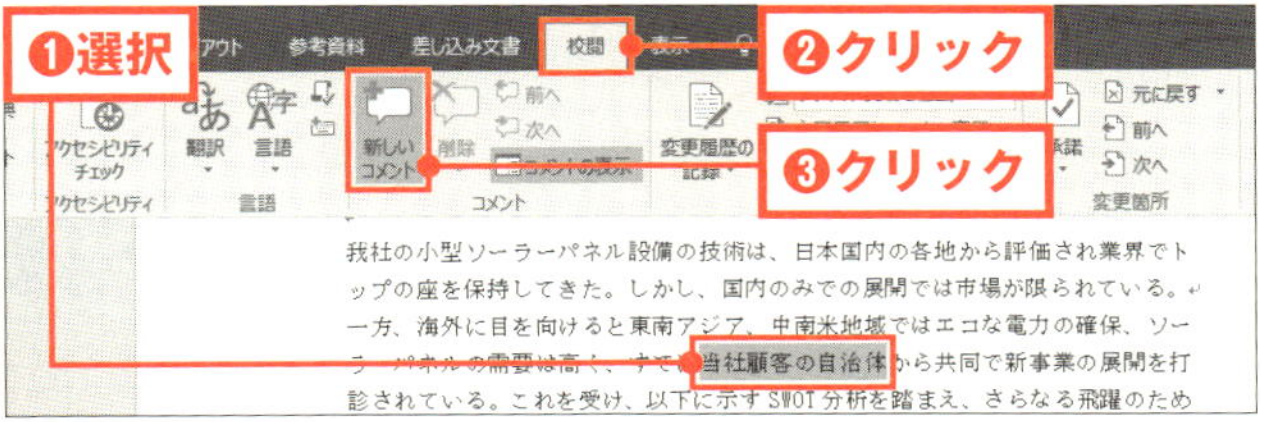
❶選択
❷クリック
❸クリック
参考資料
差し込み文書
校閲
表示
翻訳
言語
アクセシビリティチェック
新しいコメント
削除
前へ
次へ
コメントの表示
コメント
変更履歴の記録
元に戻す
変更箇所
我社の小型ソーラーパネル設備の技術は、日本国内の各地から評価され業界でトップの座を保持してきた。しかし、国内のみでの展開では市場が限られている。
一方、海外に目を向けると東南アジア、中南米地域ではエコな電力の確保、ソーラーパネルの需要は高く、すでに当社顧客の自治体から共同で新事業の展開を打診されている。これを受け、以下に示すSWOT分析を踏まえ、さらなる飛躍のため

1 コメントを付けたい文字列を選択して❶、「校閲」タブをクリックし❷、「新しいコメント」をクリックする❸。

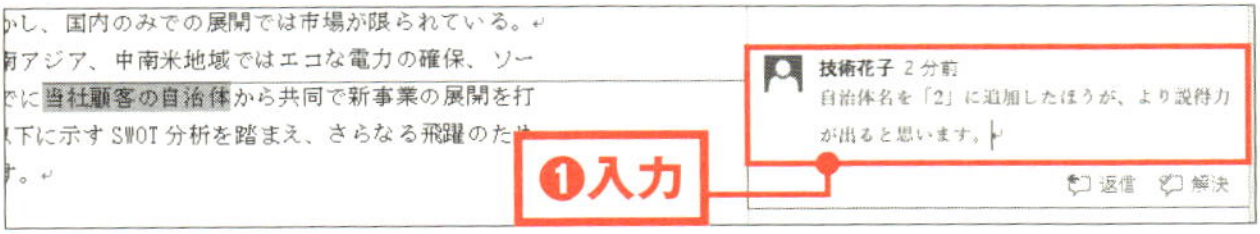
❶入力
技術花子 2分前
自治体名を「2」に追加したほうが、より説得力が出ると思います。
返信
解決

2 右の余白にコメント用の吹き出しが表示されるので、コメント用の文章を入力する❶。不要なコメントを削除する場合は、削除するコメントをクリックして、「校閲」タブの「削除」をクリックする。

▼エクセルでコメントを挿入する

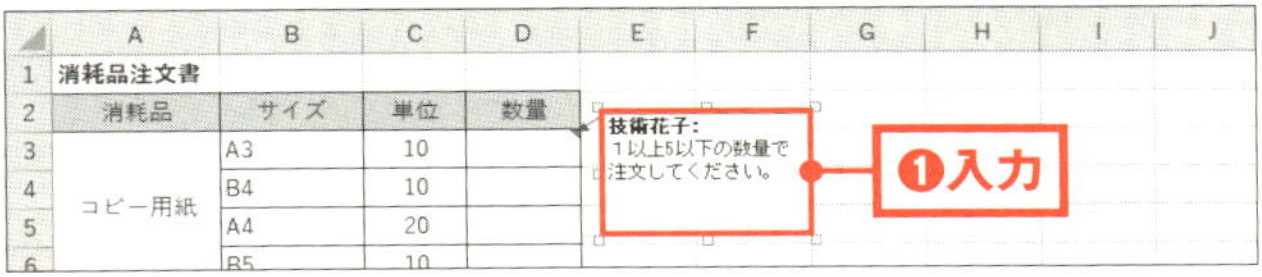
消耗品注文書
消耗品
サイズ
単位
数量
コピー用紙
A3
B4
A4
10
10
20
技術花子:
1以上5以下の数量で注文してください。
❶入力

1 コメントを入れたいセルをクリックして、「校閲」タブの「新しいコメント」をクリックする。吹き出しが表示されるので、コメント用の文章を入力する❶。

文書

067

入力時は半角と全角を使い分ける

ワード
エクセル

文書中に英数字の文字を入れる場合、全角か半角かで迷うことがある。一般的には、英数字は半角にするのが基本といわれている。また、1つの文書に全角と半角が混在するのはよくないともいわれる。

ただし、使用するフォントによっては、英数字が1桁の場合は全角、2桁以上の場合は半角にしたほうが見やすく読みやすい場合もある。

また、横書きで入力した文書を縦書きに設定した場合、半角文字だと横向きになってしまう。文書を縦書きに設定する場合は注意が必要だ。

このように、英数字は半角／全角と決めつけずに、**文書によって適宜使い分ける**とよいだろう。

ただし、会社によっては、「英数字はすべて半角で／全角で」と規定しているところもある。その場合はルールに従おう。

なお、エクセルの場合は、数字を全角で入力すると計算ができない。**エクセルでは、数字は半角**が基本だ。

ここがポイント！ 文書によって全角と半角を使い分ける

記

✧ 日　　時	平成30年５月15日（火）　午前11時から～午後2時
✧ 会　　場	八段会館 B館８階（東西線九段下駅下車徒歩２分）
✧ 申込方法	４月27日(金)までに同封の申込書にご記入のうえご返信ください。
✧ お問合せ先	製品開発部　佐々木　（直通）03-1234-5678

以上

NG

英数字の全角と半角が1つの文書で混在するのは見た目に美しくない。

平成30年５月15日（火）　午前11時から午後2時

八段会館B館８階（東西線九段下駅下車徒歩２分）

４月27日(金)までに同封の申込書にご記入のうえご返信ください。

製品開発部　佐々木　（直通）03-1234-5678

以上

平成30年４月10日

株式会社オリエント

製品開発部　佐々木大輔

横書きで入力した文書を縦書きに設定すると、全角文字は縦書きに、半角文字は横向きになってしまうので注意が必要だ。

★One Point !★

英数字の全角と半角の入力をすばやく切り替えるには、[半角/全角]キーを押して入力モードを切り替える。また、日本語入力モードで、英数字を全角で入力したあとに[F10]キーを押すと、半角に変換される。

文書 068

ヘッダーにファイル名・作成日時・作成者名を入れる

ワード
エクセル

文書にファイル名や作成日時、作成者名などを入れる場合は、**ヘッダー**を利用すると便利だ。ヘッダーとは、**文書の上部余白に印刷される情報**のことをいう。

ヘッダーを利用すると、いずれかのページに挿入した情報が、印刷時にすべてのページに反映される。日付やファイル名、作成者名などは、コマンドをクリックするだけで、自動的に挿入することができる。文書の内容に応じて、適宜必要な情報を挿入するとよいだろう。

ヘッダーを挿入するには、ワードでは、ページの上余白部分をダブルクリックしてヘッダー部分を表示し、「デザイン」タブで必要な情報を挿入する。また、あらかじめ書式が設定された組み込みのデザインも用意されているので、企画書のようにデザイン性を重視する文書の場合は、利用するとよいだろう。

エクセルでは、「挿入」タブの「ヘッダーとフッター」をクリックして、「デザイン」タブで設定する。

ここがポイント! ヘッダーを必要に応じて配置する

▼ワードでヘッダーを挿入する

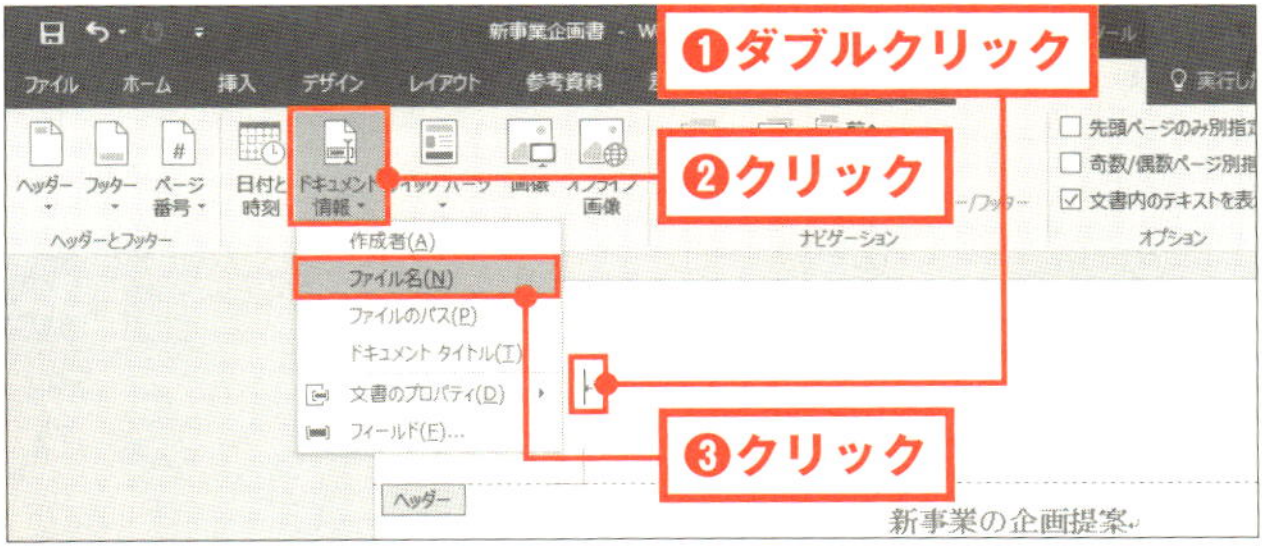

1 ページの上余白部分をダブルクリックして❶、「デザイン」タブの「ドキュメント情報」をクリックし❷、「ファイル名」をクリックすると❸、ファイル名が挿入される。画面左にある「ヘッダー」をクリックすると、あらかじめ書式が設定されたヘッダーを挿入することができる。

▼エクセルでヘッダーを挿入する

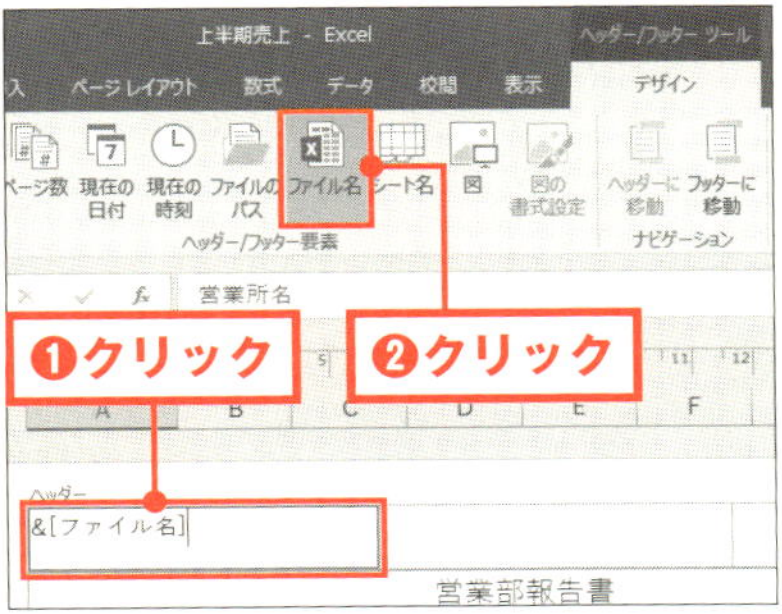

1 「挿入」タブの「ヘッダーとフッター」をクリックする(「ヘッダーとフッター」が表示されていない場合は、「テキスト」をクリックして表示させる)。ヘッダーを挿入する領域をクリックして❶、「デザイン」タブの「ファイル名」をクリックする❷。

文書

069

文書が複数ページに渡る場合はページ番号を入れる

ワード
エクセル

ページ数の多い文書には**ページ番号**が欠かせない。ビジネス文書では、ページ番号は文書の下に付けるのが一般的だ。

ページ番号を付ける場合は、**フッター**を利用すると便利だ。フッターとは、**文書の下部余白に印刷される情報**のことをいい、ページに挿入した情報は印刷時にすべてのページに反映される。

ページ番号は、「1」「2」……のように連番を入れる形式と、「1／5」「2／5」……のように「ページ番号／総ページ数」を入れる形式がある。文書によって適しているほうを選ぶとよいだろう。

ページ番号を挿入するには、ワードでは、「挿入」タブの「ページ番号」をクリックして、配置する位置をクリックし、一覧から目的のデザインを選択する。

エクセルでは、「挿入」タブの「ヘッダーとフッター」をクリックして、「フッターに移動」をクリックし、フッターを挿入する領域をクリックして、「デザイン」タブで設定する。

ここがポイント！ 複数ページの文書にはページ番号を入れるのが基本

▼ワードでフッターを挿入する

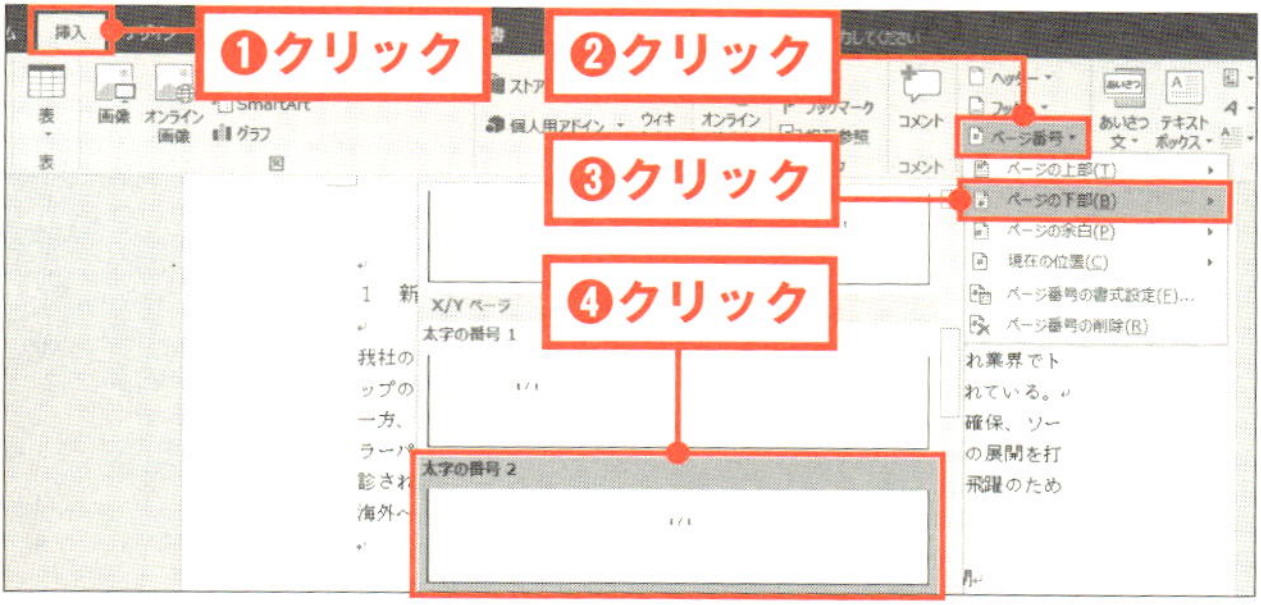

1 「挿入」タブをクリックする❶。「ページ番号」をクリックして❷、「ページの下部」をクリックし❸、目的のデザインをクリックする❹。

▼エクセルでフッターを挿入する

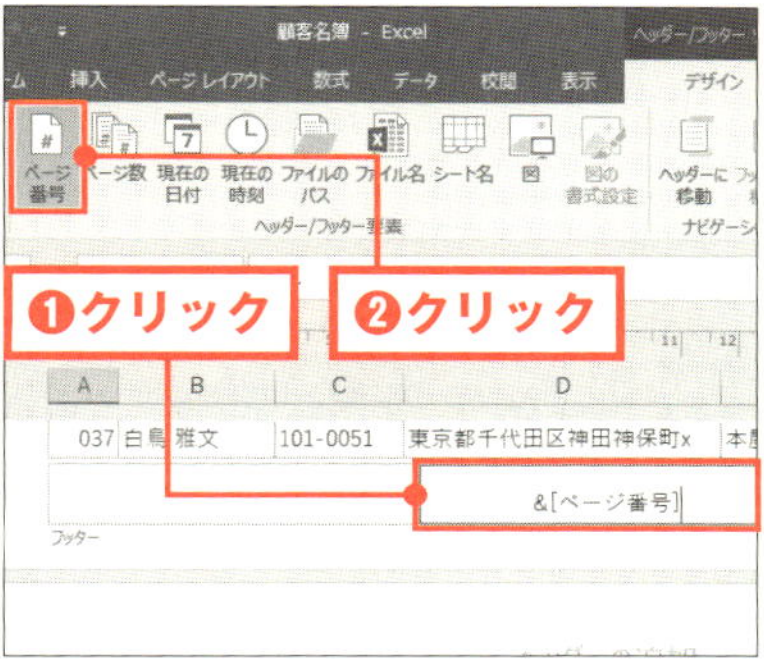

1 「挿入」タブ→「ヘッダーとフッター」→「フッターに移動」の順にクリックする（「ヘッダーとフッター」が表示されていない場合は、「テキスト」をクリックして表示させる）。フッターを挿入する領域をクリックして❶、「デザイン」タブの「ページ番号」をクリックする❷。

文書

070

メールアドレス・ＵＲＬはリンクを切る

ワード
エクセル

文書を作成するとき、メールアドレスやＵＲＬを入力すると、文字が青色になり、下線が引かれる場合がある。これは、入力オートフォーマット機能により、自動的に**ハイパーリンク**が設定されるためだ。

ハイパーリンク（単に**リンク**ともいう）とは、文字列をクリックしたときに、別のファイルやウェブページなどが開くようにする機能のことだ。ウェブページなどをすぐに表示させたいときは便利だが、通常のビジネス文書には不要だろう。

ハイパーリンクは、**入力時に解除**することができる。また、ハイパーリンクが自動的に設定されないように、あらかじめ**設定をオフ**にしておくこともできる。

入力時に解除するには、設定されたハイパーリンクを右クリックして、「ハイパーリンクの削除」をクリックすればよい。

ハイパーリンクの自動設定をオフにするには、「Ｗｏｒｄのオプション」や「Ｅｘｃｅｌのオプション」から設定する。

ここがポイント! ハイパーリンクを表示しない

▼ハイパーリンクを入力時に解除する

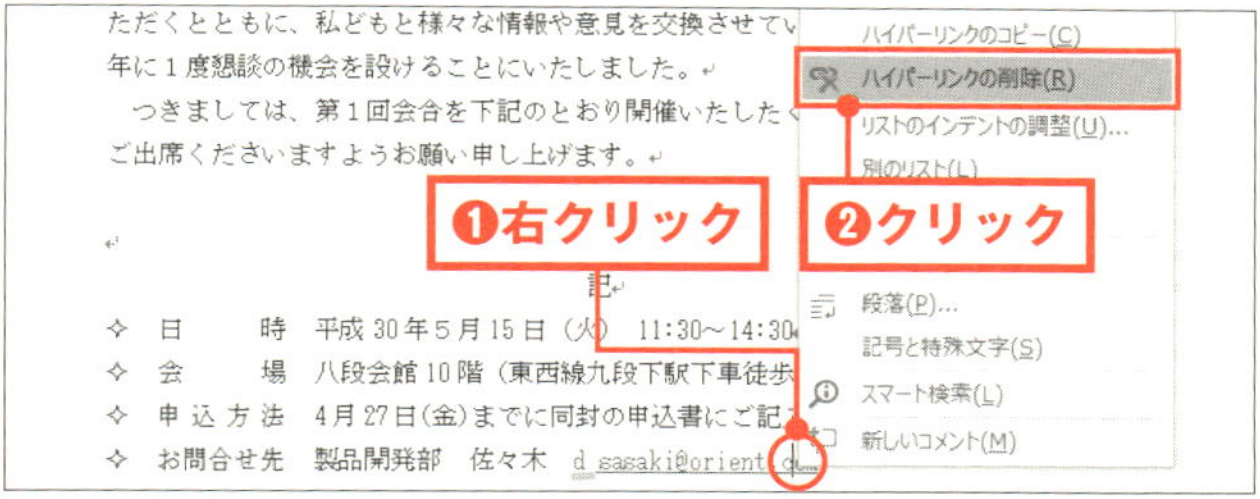

1 設定されたハイパーリンクを右クリックして❶、「ハイパーリンクの削除」をクリックすると❷、ハイパーリンクが解除される。

▼ハイパーリンクの設定をオフにする

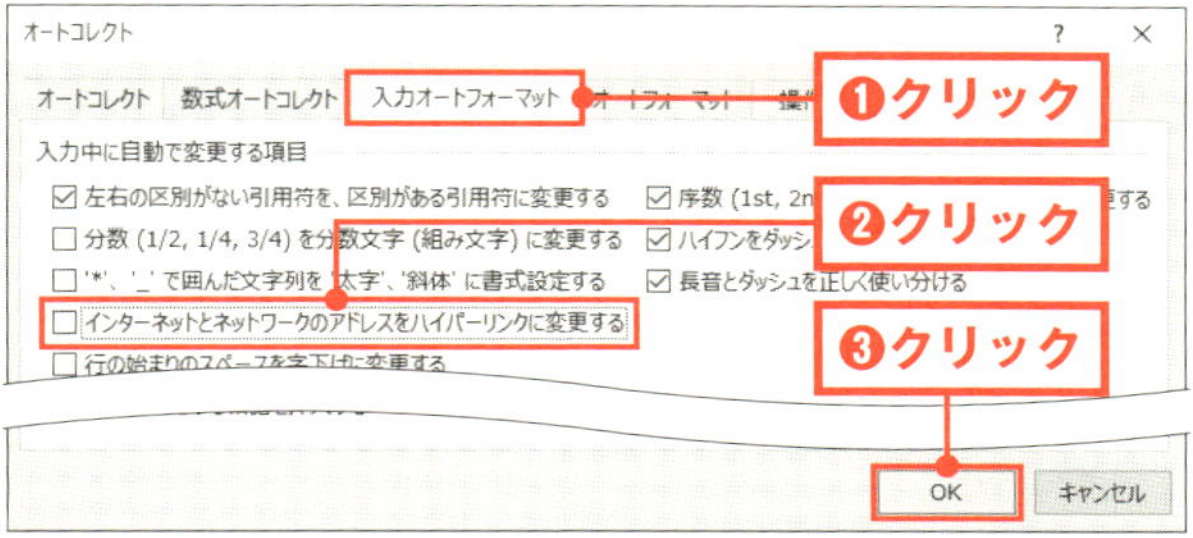

1 「ファイル」→「オプション」→「文章校正」→「オートコレクトのオプション」の順にクリックする。「入力オートフォーマット」をクリックして❶、「インターネットとネットワークのアドレスをハイパーリンクに変更する」をクリックしてオフにし❷、「OK」をクリックする❸。

文書

071

社外秘文書に透かし文字を印刷する

ワード

エクセル

社内文書では、「社外秘」「回覧」「至急」などの文字が印字されていたり、押印されていることがよくある。ワードやエクセルでは、これらの文字を**ページの背景に透かしとして印刷**することができる。

ワードでは、「デザイン」タブの「透かし」をクリックして、一覧から文字を選択するだけで、かんたんに透かしを印刷することができる。

エクセルの場合は、透かしを直接挿入する機能はないので、ヘッダーを利用する。最初に透かしとして挿入したい文字を画像として用意する。用意ができたら、ページレイアウトビューに切り替えて、中央のヘッダー領域をクリックし、「デザイン」タブの「図」をクリックして、作成した文字画像を挿入する。

続いて、「デザイン」タブの「図の書式設定」をクリックして、「図の書式設定」ダイアログボックスの「図」で、「トリミング範囲」の値を調整し、画像の位置を指定すればよい。

ここがポイント! ページの背景に透かし文字を入れる

▼ワードで透かし文字を挿入する

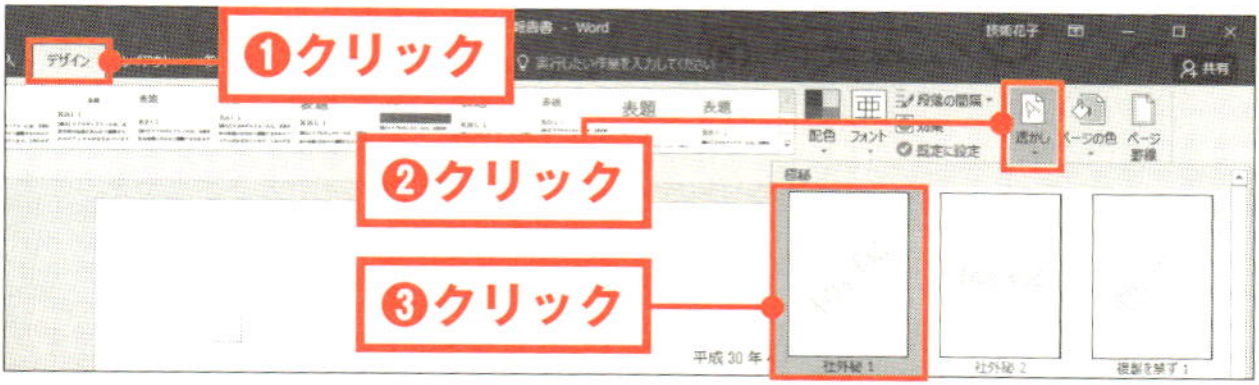

1 「デザイン」タブをクリックして❶、「透かし」をクリックし❷、挿入する文字をクリックすると❸、透かし文字が背景に表示される。

▼エクセルで透かし文字を挿入する

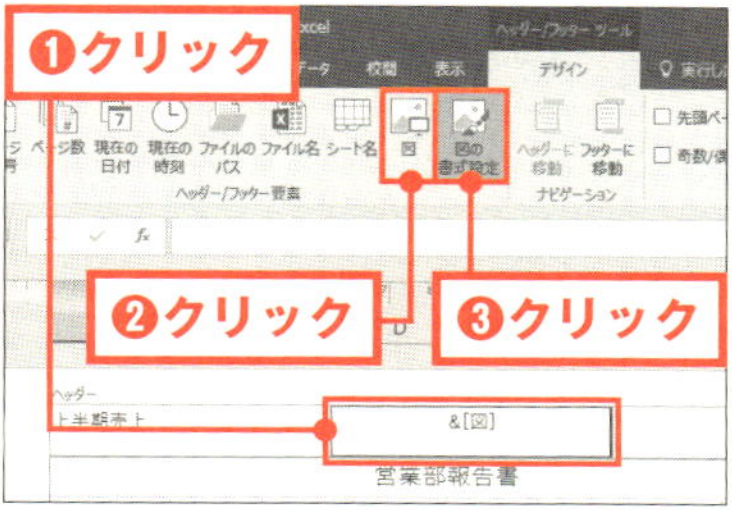

1 透かし文字にしたい文字を画像として用意する。「表示」タブの「ページレイアウト」をクリックして、中央のヘッダー領域をクリックする❶。「デザイン」タブの「図」をクリックして❷、画像を挿入し、「図の書式設定」をクリックする❸。

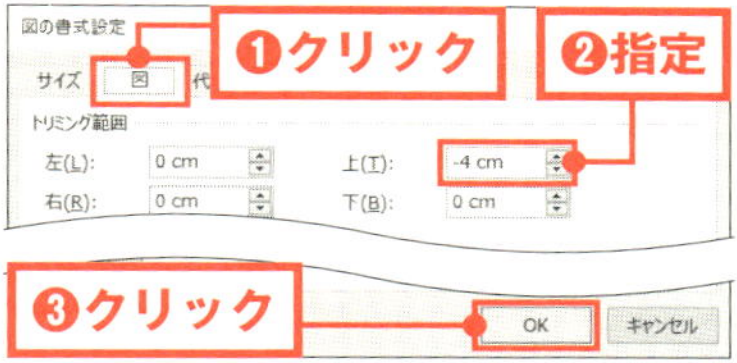

2 「図」をクリックして❶、「トリミング範囲」の「上」にマイナスの数値を指定し❷、「OK」をクリックする❸。

COLUMN

コラム 3

ビジネス文書作成のよくある失敗エピソード

文書は人と人をつなぐ重要なコミュニケーション手段だ。用件を正確にわかりやすく、簡潔に伝えることはもちろん、相手に失礼のないように、礼儀正しい文書を書くことが重要だ。自分ではきちんと書いたつもりでも、相手に不快感を与える言い回しや間違った表記、単純なミスなどがもとで、トラブルに発展することもある。以下のような失敗がないように、文書を作成したら、必ずチェックする習慣を身に付けておこう。

- 役職名に敬称を付けてしまった！
- 頭語と結語の組み合わせを間違ってしまった！
- 「前略」としたのにあいさつ文を長々と入れてしまった！
- 見栄えをよくするために文字サイズや文字色を変えて文書を装飾したが、かえって不評をかってしまった！
- 数値を修正したのに再計算せずに送ってしまった！
- A4 で 1 ページの文書を渡したつもりが、印刷すると数ページになるといわれた！
- テンプレートを利用して文書を作成したが、修正すべき個所をそのままにして送ってしまった！
- 社内で確認のために入れたコメントを削除せずに、相手に渡してしまった！
- 誤字脱字、漢字の変換ミス、表記の間違いを見逃してしまった！

第4章

クラウド編

クラウドサービスを使うときのマナー＆最新常識

クラウド

072

ファイルの共有にはクラウドを使う

クラウドストレージは、インターネット上にさまざまなデータを保存できるサービスのこと。**オンラインストレージ**とも呼ばれる。

データのバックアップに利用したり、メールでは添付できない大容量のファイル送信に利用したり、ファイルをメンバーと共有したり、複数のパソコン間でデータをやりとりしたりと、さまざまな用途に活用することができる。

クラウドストレージのメリットは、インターネットに接続すれば、パソコンやスマートフォン、タブレットなどから、**いつでもどこでも利用できる**ことだ。セキュリティ対策やデータ保護の対策も保証されているので、安心して利用することができる。

クラウドストレージには複数のサービスがあり、それぞれ利用できる容量や、有料版と無料版の有無、使い勝手などが異なる。最初は無料で使用できるサービスを利用するとよいだろう。

ここがポイント! 無料で保管できるクラウドを活用する

Microsoftが提供するクラウドストレージ「OneDrive」。Windowsに標準で搭載されており、Microsoftアカウントを利用してログインする。エクスプローラーからも利用できる。

▼OneDriveにファイルをアップロードする

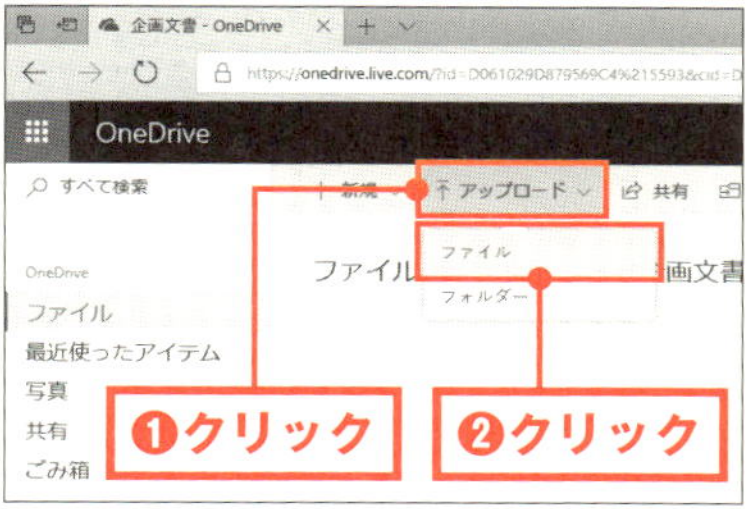

ウェブブラウザーを起動して、「https://onedrive.live.com/about/ja-jp/」にアクセスし、サインインする。ファイルの保存場所を表示して「アップロード」をクリックし❶、「ファイル」をクリックする❷。「開く」ダイアログボックスが表示されるので、ファイルをクリックして「開く」をクリックする。

▼無料で利用できる代表的なクラウドサービス

名称	提供元	無料で使える容量	保存期間
OneDrive	Microsoft	5GB	1年以上ログインしていない場合アカウント削除
Googleドライブ	Google	15GB	無期限
Dropbox	Dropbox	2GB	90日間利用していないとデータが削除される場合がある
iCloud	Apple	5GB	無期限

クラウド

073

外出先ではクラウド経由でファイルを閲覧・編集する

外出先や出張先でデータを確認したり、編集したりする必要がある場合、持ち運びに便利なＵＳＢメモリーを利用している人が多いだろう。しかし、ＵＳＢメモリーは便利な半面、持って行くのを忘れたり、紛失してしまったりする可能性がある。ノートパソコンにＳＤカードスロットがあれば、ＳＤカードをパソコンに挿しっぱなしにしておくという方法もあるが、万全とはいえない。

この場合に便利なのがクラウドサービスだ。**クラウドにデータを保存しておく**と、インターネットを利用できる環境であれば、どこからでもデータを閲覧したり、編集したりすることができる。

ただし、クラウドサービスは安全とはいえ、問題が発生する可能性はゼロではない。もしものことを考えて、**社外秘情報が含まれるファイルはクラウドに保存しない**こと。また、万が一データが消えてしまった場合のことも考えて、ファイルは必ずバックアップをとっておこう。

ここがポイント! いつでも、どこからでもデータにアクセスできる

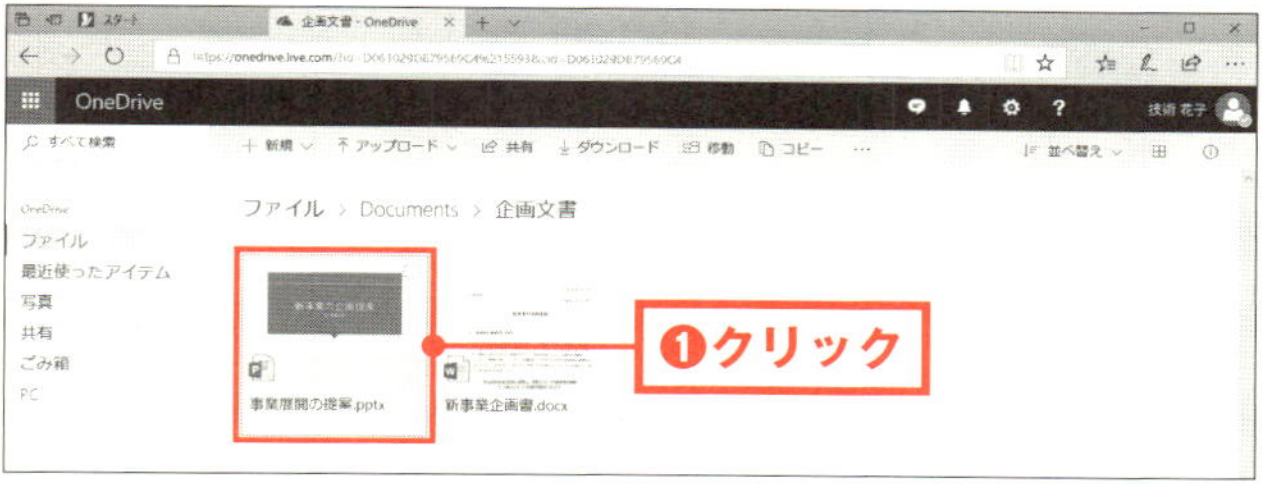

1 ウェブブラウザーを起動して、「https://onedrive.live.com」にアクセスする。閲覧・編集したいファイル(ここではパワーポイントファイル)を表示して、クリックする❶。

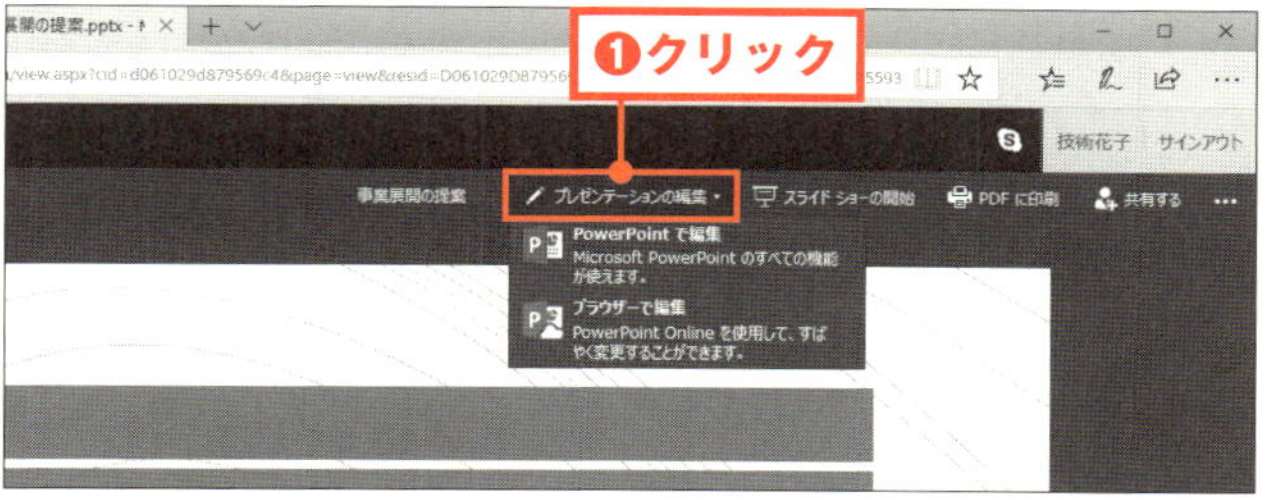

2 ファイルが表示される。ファイルを編集するときは、「○○の編集」をクリックすると❶、パソコンに保存されているアプリで編集するか、ブラウザーで編集するかを選択できる。

★One Point!★

1 の画面でファイルの右上の○をクリックして選択し、画面上部にある「ダウンロード」をクリックして、保存先を指定すると、ファイルをダウンロードすることができる。

クラウド

074

ファイルの共有範囲に気を付ける

クラウドサービスを利用すると、**クラウドに保存したファイルをプロジェクトメンバーなどと共有することができる**。また、クラウドを利用してファイルを共有すれば、出張先の相手とデータをやりとりしたり、複数のメンバーで編集したりすることもできる。

ファイルを共有する際は、ファイルを共有ファイルに設定し、**共有するメンバーと、共有権限を設定する**必要がある。共有権限では、編集を許可するか、しないかを設定できる。共有相手にもファイルの編集を許可する場合は、「編集を許可する」に設定し、ファイルを見てもらうだけにしたい場合は、「編集を許可する」をオフに設定するとよい。

ファイルの共有設定は、ワードやエクセルなどのアプリから操作したり、ウェブサイトから操作したりできるが、ここでは、ＯｎｅＤｒｉｖｅに保存したファイルをウェブサイトから共有する方法を紹介しよう。

ここがポイント! 共有メンバーと共有権限を設定する

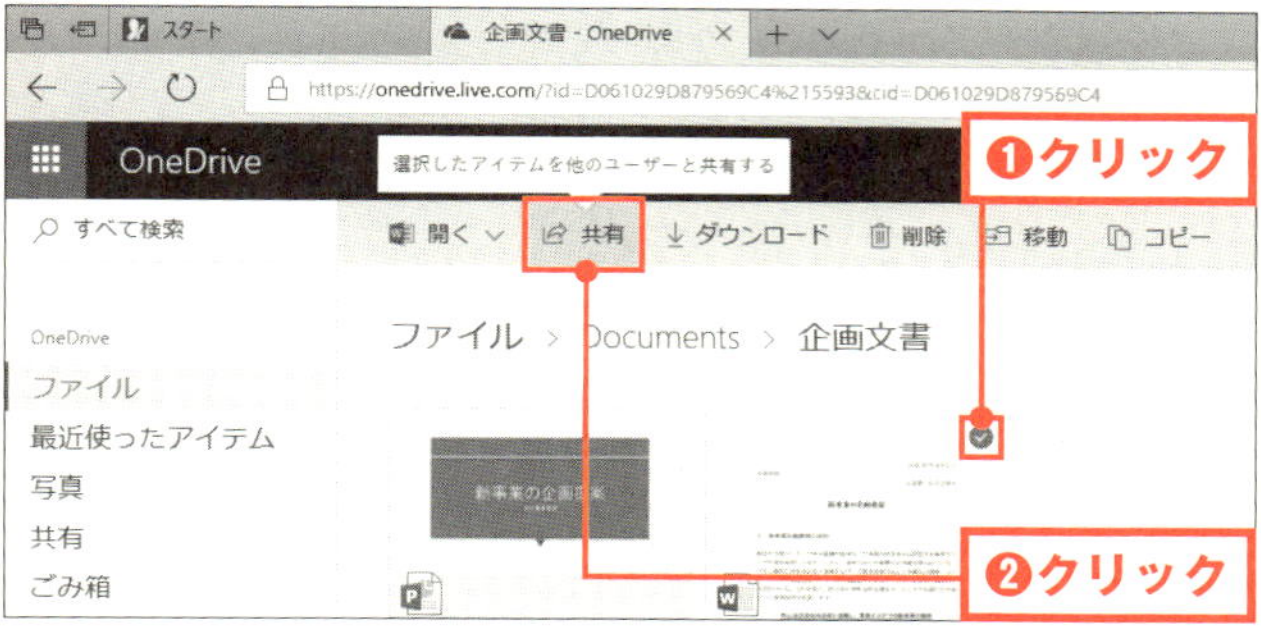

1 ウェブブラウザーを起動して、「https://onedrive.live.com」にアクセスする。共有したいファイルにマウスポインターを合わせて、右上に表示される○をクリックして選択し❶、「共有」をクリックする❷。

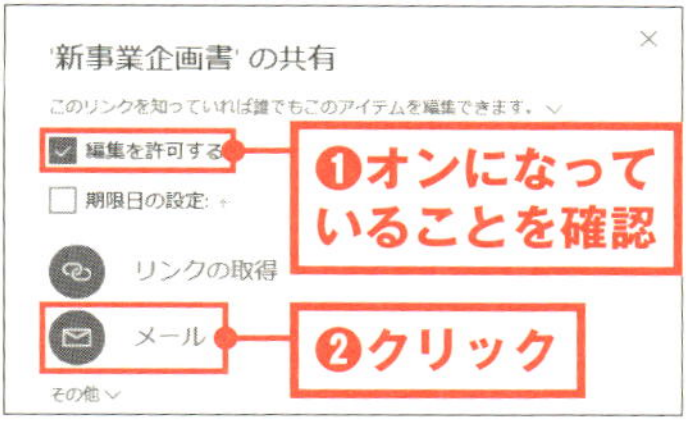

2 「編集を許可する」がオンになっていることを確認して❶、「メール」をクリックする❷。権限を表示だけに設定する場合は、「編集を許可する」をクリックしてオフにする。

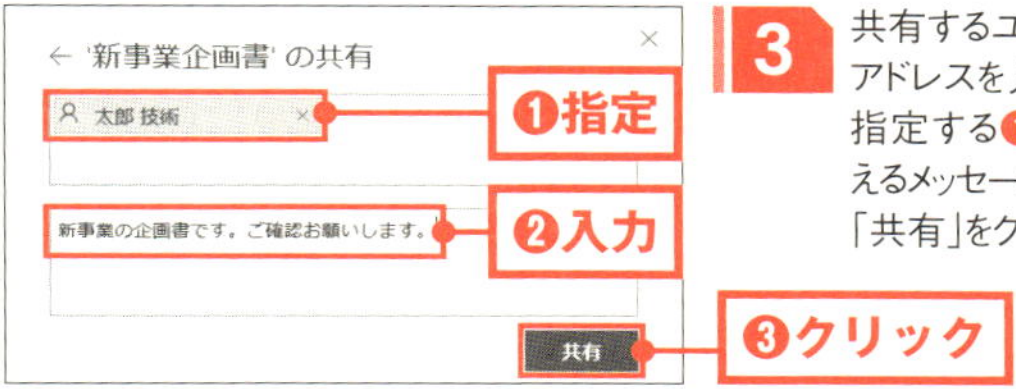

3 共有するユーザーのメールアドレスを入力、あるいは指定する❶。メールに添えるメッセージを入力して❷、「共有」をクリックする❸。

クラウド

075

アカウントの流出に注意する

アカウントとは、パソコンにログインしたり、クラウドサービスなどインターネット上のさまざまなサービスにログインしたりするための権利のこと。通常は、個人情報を識別するための**IDと任意のパスワード**で構成されている。

アカウントを作成するときは、氏名や住所、生年月日、電話番号、クレジットカードなどの個人情報が要求されることが多い。もしもアカウントを他人に知られてしまうと、これらの個人情報が流出したり、本人になりすましてネット上のサービスを勝手に利用されたり、不正にカードを使われたりといった危険性がある。

ＩＤとパスワードが盗み取られないように、**アカウントの管理には十分な注意が必要**だ。推測されない安全なパスワードを作成し（200ページ参照）、他人の目に触れない方法で保管しよう。

また、すでに利用していないサービスがある場合は、退会手続きをして、放置しないようにすることも大切だ。

ここがポイント!

IDとパスワードの管理は厳重にする

▼アカウントの流出を防ぐために注意すること

- 英数字記号を組み合わせて、他人に推測されにくいパスワードを設定する。
- サービスごとに異なるパスワードを設定する。
- 自分の意志ではなく、誘導されてウェブサイトを訪問しない。
- 「アカウント情報を更新してください」といった要求や、多くの情報の入力を求められたときは、フィッシング詐欺の可能性を疑う。
- ログイン時にIDとパスワードだけでなく、本人しか知らない情報の入力を追加する「2段階認証」を利用する。
- アプリを安易に連携しない。アプリ連携の承認ページでは、アプリに許可する権限の一覧を必ず確認する。

▼IDやパスワードの流出状況を判定する

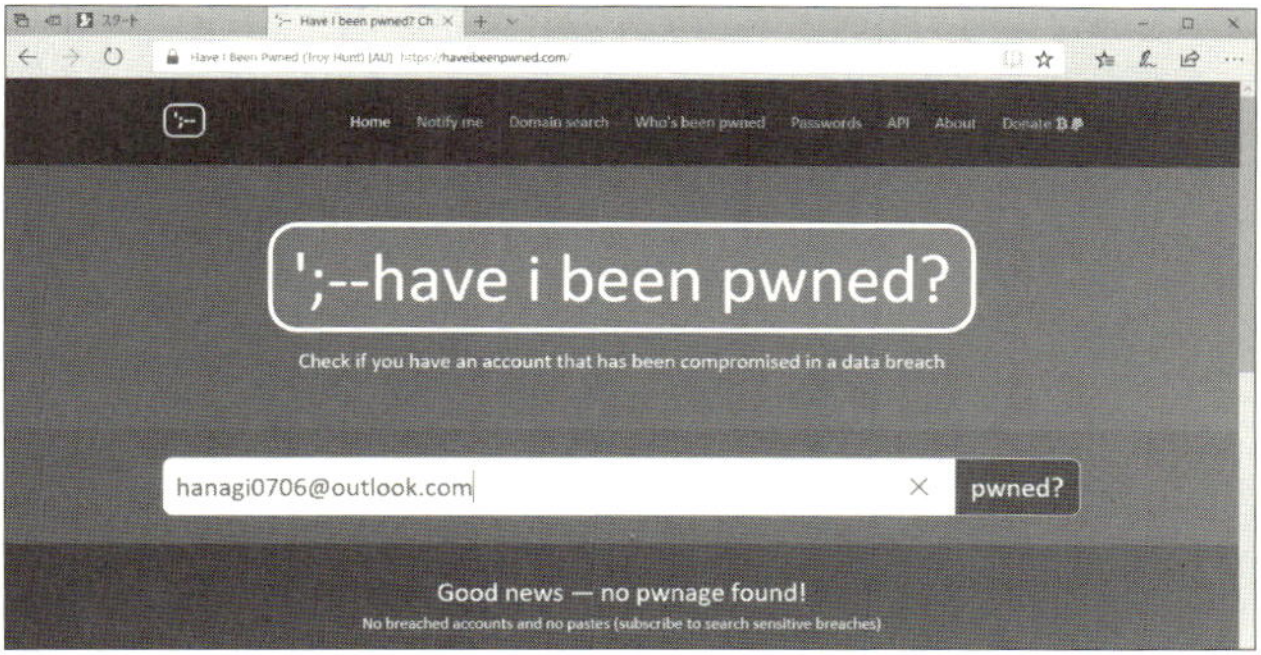

使用しているメールアドレスやIDが流出していないかどうかを確認できるウェブサイト(haveibeenpwned.com)もある。心配であればチェックしてみるとよいだろう。

クラウド

076

大容量ファイルの送信にクラウドを利用する

メールで送信できるファイルの容量は、プロバイダーが提供するメールサービスやウェブメールなどによって異なるが、通常は、２ＧＢ程度までにするのがマナーだ。では、２ＧＢ以上のデータを送りたいときはどうするか？

ＵＳＢメモリーやＲＯＭなどの記録メディアに保存して送付する方法があるが、時間と費用がかかる。インターネットを通じて大容量ファイルの受け渡しができるファイル転送サービスを利用する方法もあるが、保管日数が短く、セキュリティの面でも安心とはいえない。

この場合に便利なのがクラウドサービスだ。無料でも大容量のファイルを無期限で保管でき、**リンクを送信して、ファイルを共有できる**。

Ｗｉｎｄｏｗｓユーザーの場合は、**OneDrive**が便利だ。ＯｎｅＤｒｉｖｅ内にあるファイルなら、ウェブブラウザーを表示しなくても、**エクスプローラーからリンクを取得できる**。

ここがポイント!

OneDriveのファイルをリンクして送信する

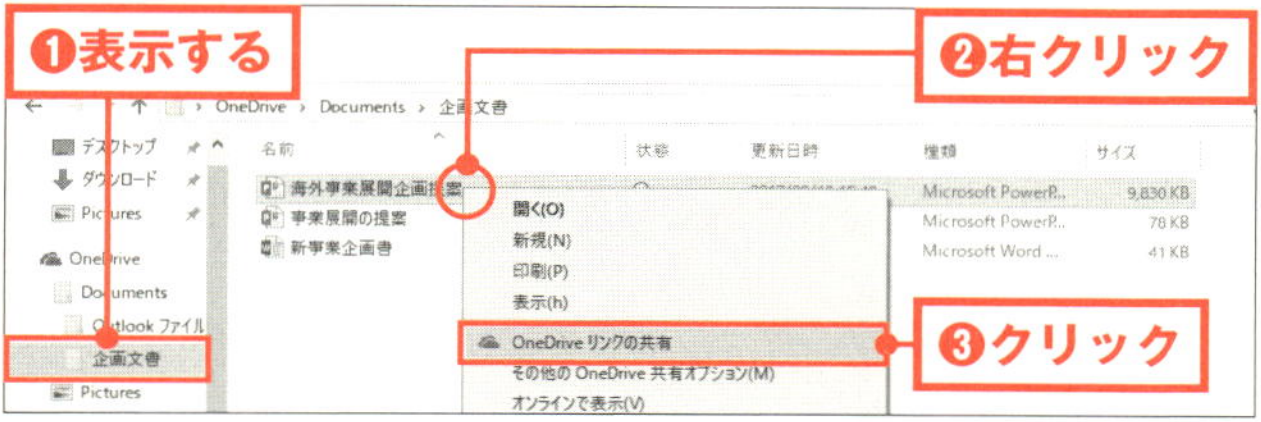

1 エクスプローラーでOneDrive内のフォルダーを表示して❶、送信したいファイルを右クリックし❷、「OneDriveリンクの共有」をクリックする❸。

2 リンクがコピーされ、リンク貼り付けに関する通知が表示される。

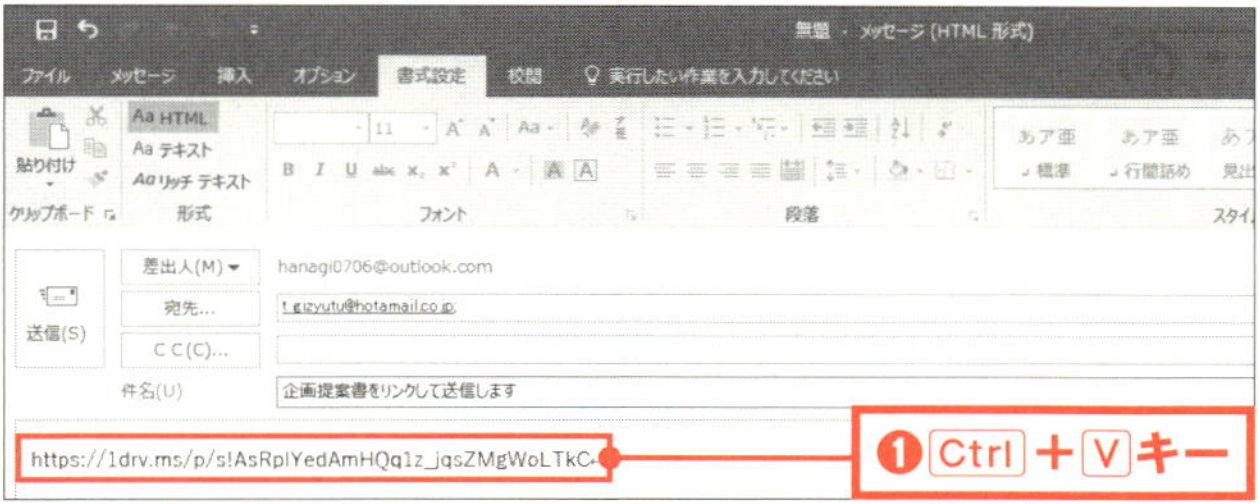

3 メールの作成画面を表示して、Ctrl+Vキーを押すと❶、OneDrive上のファイルへのリンクが挿入される。

オフィスアプリのないパソコンではOffice Onlineを使う

Office Onlineは、Microsoftが無料で提供している**ウェブブラウザー上でオフィスアプリが利用できる**サービスだ。Windowsにサインインしている Microsoftアカウントで利用できる。

インターネットに接続できる環境であればどこからでもアクセスでき、ワードやエクセル、パワーポイントなどの文書を作成、編集、保存することができる。

会社で使うパソコンにオフィスアプリがインストールされていない場合は、Office Onlineを利用するとよいだろう。製品版のオフィスアプリと比べると機能は若干制限されるが、基本的な作業は行える。

オフィスアプリがないパソコンで、ワードやエクセルファイルを受け取った場合でも慌てることはない。OneDriveにファイルを保存すると、Office Onlineで閲覧したり編集したりすることができる。

ここがポイント！ ウェブサイト上でOffice Onlineを利用する

1 「https://office.com」にアクセスしてサインインし、使用するアプリ（ここではWord）をクリックする❶。

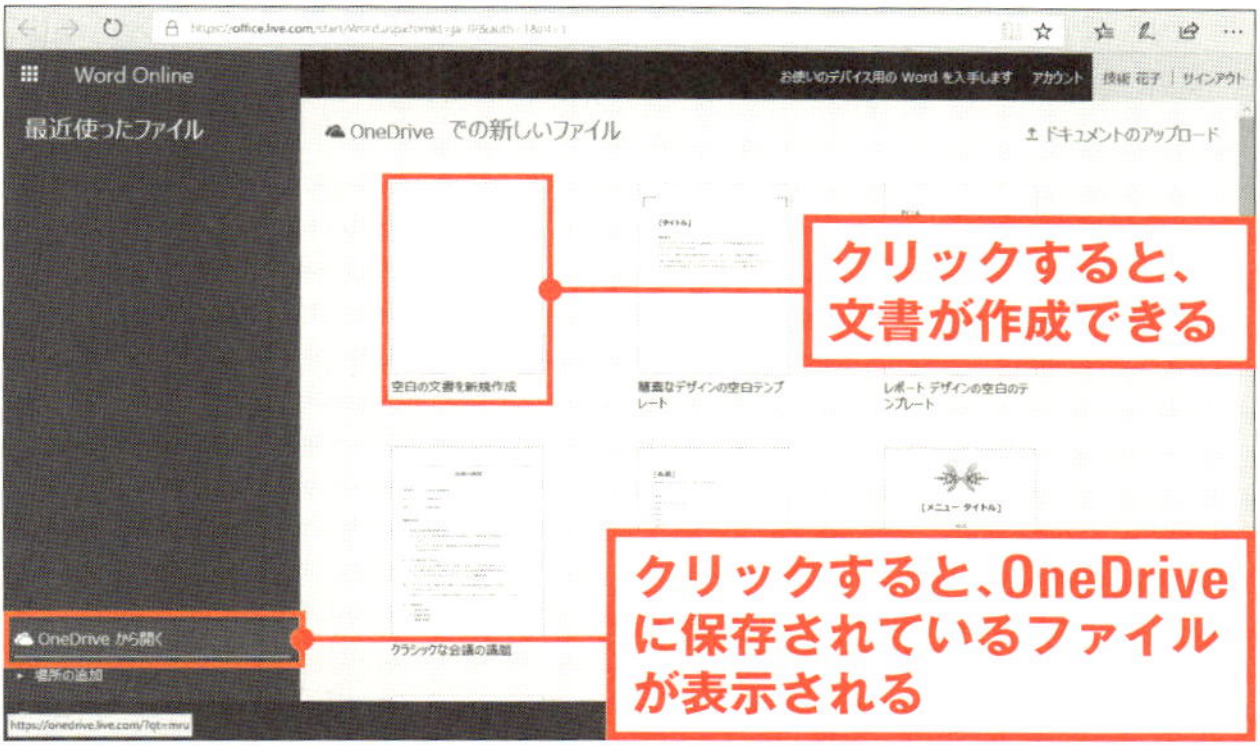

2 「Word Online」が表示される。「空白の文書を新規作成」をクリックすると、文書が作成できる。Office Onlineで作成した文書は、自動的にOneDriveに保存される。「OneDriveから開く」をクリックすると、OneDriveに保存されているファイルを開くことができる。

クラウド

078

ワードやエクセル文書を複数人で同時に編集する

ワードやエクセルの文書を、複数人で同時に編集したい。この場合は、OneDriveを利用すると、**OneDriveに保存した文書ファイルを共有**して、オンラインでリアルタイムに編集することができる。

共有したい文書をOneDriveに保存し、その文書を共有ファイルとして、メールで送信する（166ページ参照）。その際、「編集を許可する」をオンにして送信すると、編集が可能になる。

メールを受け取った相手が、メールにリンクされた「OneDriveで表示」をクリックすると、共有文書が表示される。「文書（ブック）の編集」をクリックして、「Word（Excel）で編集」あるいは「ブラウザーで編集」をクリックすると、共有文書が編集できる。

共有中の文書の編集は、自動的にアップロードされるので、共有中のメンバーは編集内容をリアルタイムで確認することができる。

ここがポイント! オンライン上で文書をリアルタイムに編集する

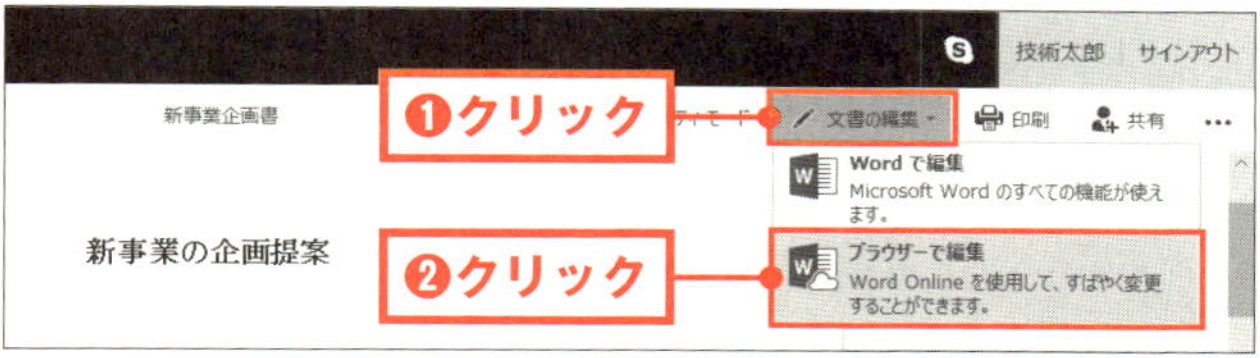

1 メールを受け取った相手が、メールにリンクされた「OneDriveで表示」をクリックすると、共有文書（ここではワード文書）が表示される。「文書の編集」をクリックして❶、「ブラウザーで編集」をクリックする❷。パソコン上のワードで編集する場合は、「Wordで編集」をクリックする。

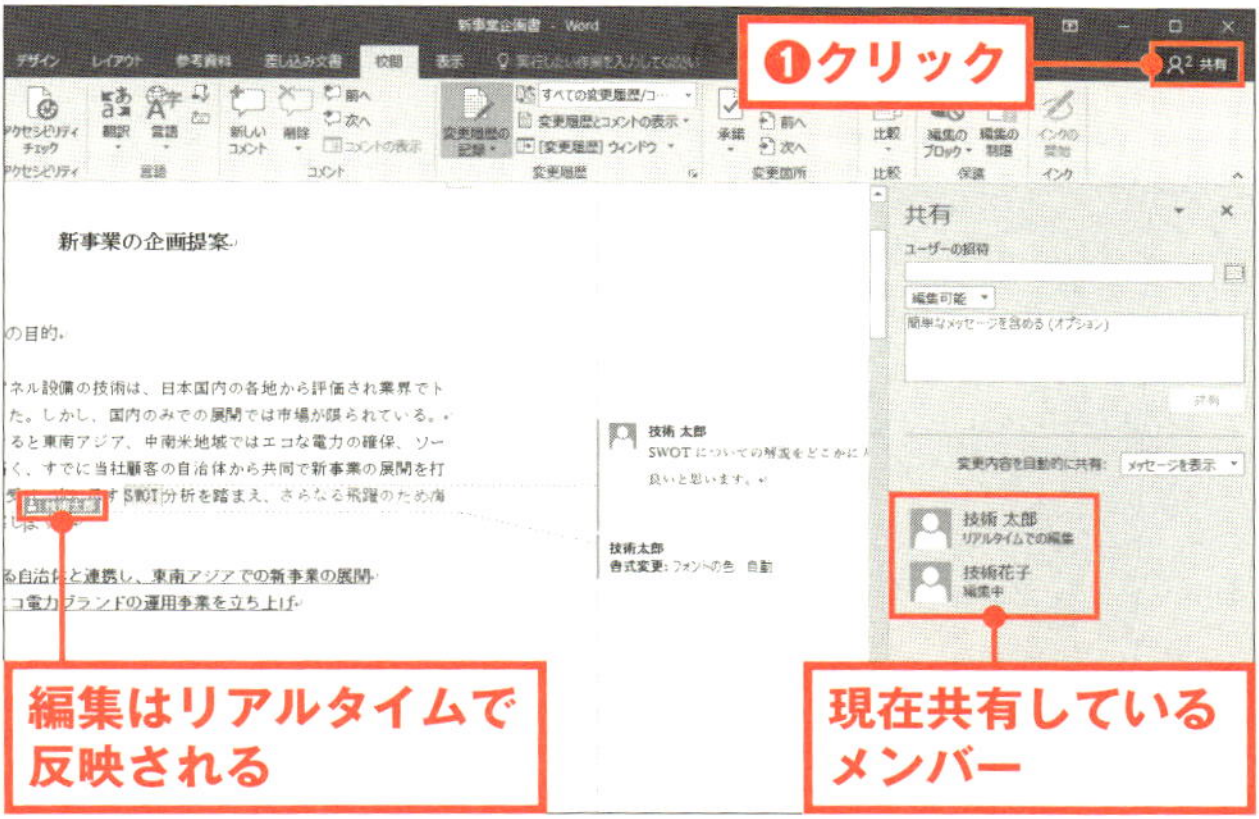

2 メンバーで同時に編集している画面。画面右上の「共有」をクリックすると❶、現在共有しているメンバーが表示される。文書の編集はリアルタイムで反映され、編集がバッティングしないように、ほかのユーザーが編集している箇所にはフラッグが表示される。

クラウド

079

クラウドにファイルをバックアップする

バックアップとは、パソコン内のファイルのコピーを保管しておくこと。バックアップには、USBメモリーや外付けハードディスク、光ディスクなどの外部記憶メディアを使うのが一般的だ。しかし、これらの方法も完璧ではない。

これらのメディアには寿命があり、長期に保存できるとは限らない。また、万が一災害などがあった場合は、すべてを失ってしまうこともあり得る。そこで、**バックアップはインターネット上のクラウドに保存**しておくとより安心だ。

Windowsには、OneDriveが標準で組み込まれており、パソコン内の「ドキュメント」や「ピクチャ」フォルダーなどを**OneDriveと自動的に同期**することができる。

手動でファイルやフォルダーをバックアップすることもできるが、同期を設定しておくと、変更が随時反映されるので、更新する手間が省ける。大切なファイルは同期しておくとよいだろう。

ここがポイント!

パソコンとOneDriveのフォルダーを同期する

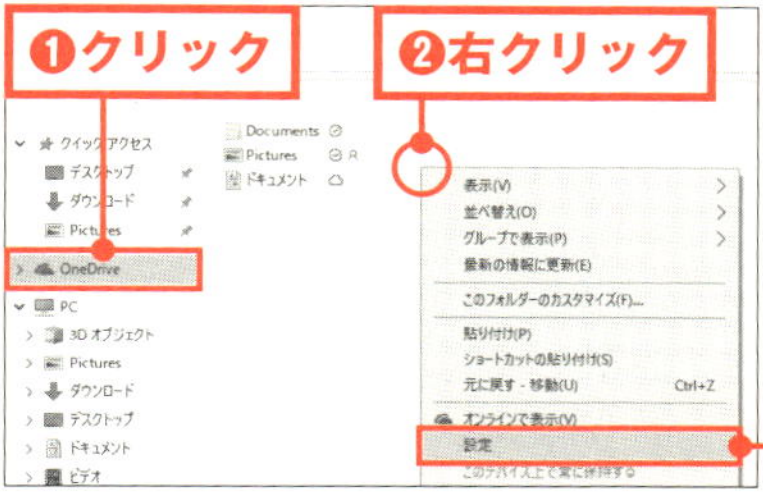

1 エクスプローラーを表示して、「OneDrive」をクリックする❶。ドライブ内を右クリックして❷、「設定」をクリックする❸。

2 「フォルダーの選択」をクリックする❶。

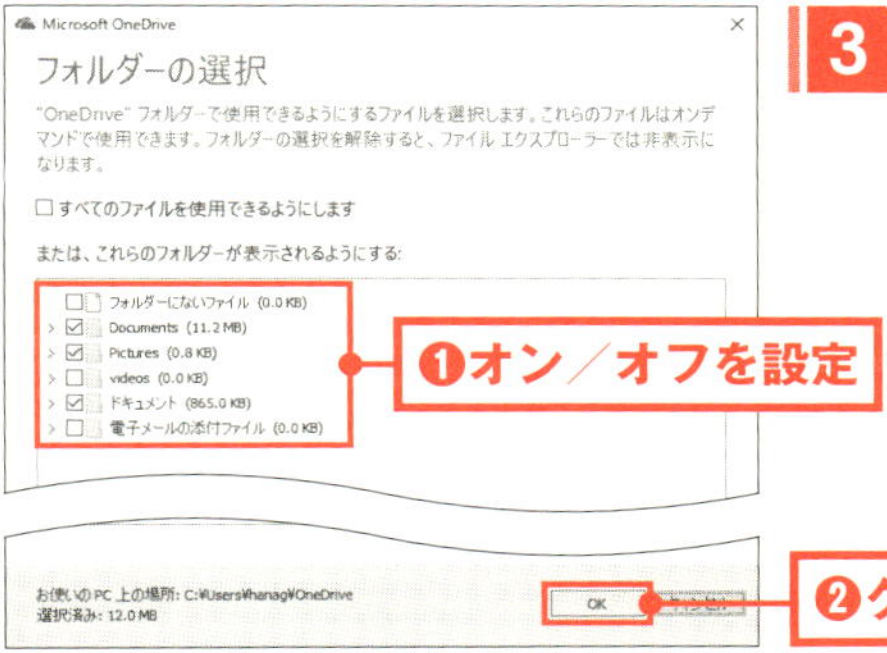

3 同期するフォルダーをクリックしてオンにし❶、「OK」をクリックする❷。

クラウド

080

会社のメールをＧｍａｉｌで送受信する

Gmail

会社のメールを自宅や外出先でチェックできると便利だ。この場合は、**Ｇｍａｉｌ**を利用しよう。Ｇｍａｉｌには、ＰＯＰ３に対応した**プロバイダーのメールアカウントを追加**して、ウェブブラウザーやスマートフォンのＧｍａｉｌアプリから**メールを送受信**できる機能が用意されている。

ＰＯＰとは、メールサーバーに届いたメールをユーザーが自分のパソコンにダウンロードする際に使用する通信技術のこと。会社で使っているメールがＰＯＰかどうかは、メールの管理者に確認しよう。また、設定の際にはサーバー情報やポート番号といった情報も必要になる。それらの情報も事前に確認しておこう。ただし、会社のメールを転送することを禁じている企業もあるので、その場合は、規則に従おう。

なお、Ｇｍａｉｌに追加したメールアドレスからメールを送信する場合は、「新規メッセージ」画面の「Ｆｒｏｍ」でメールアドレスを切り替えればよい。

ここがポイント！ 会社のメールアカウントをGmailに追加する

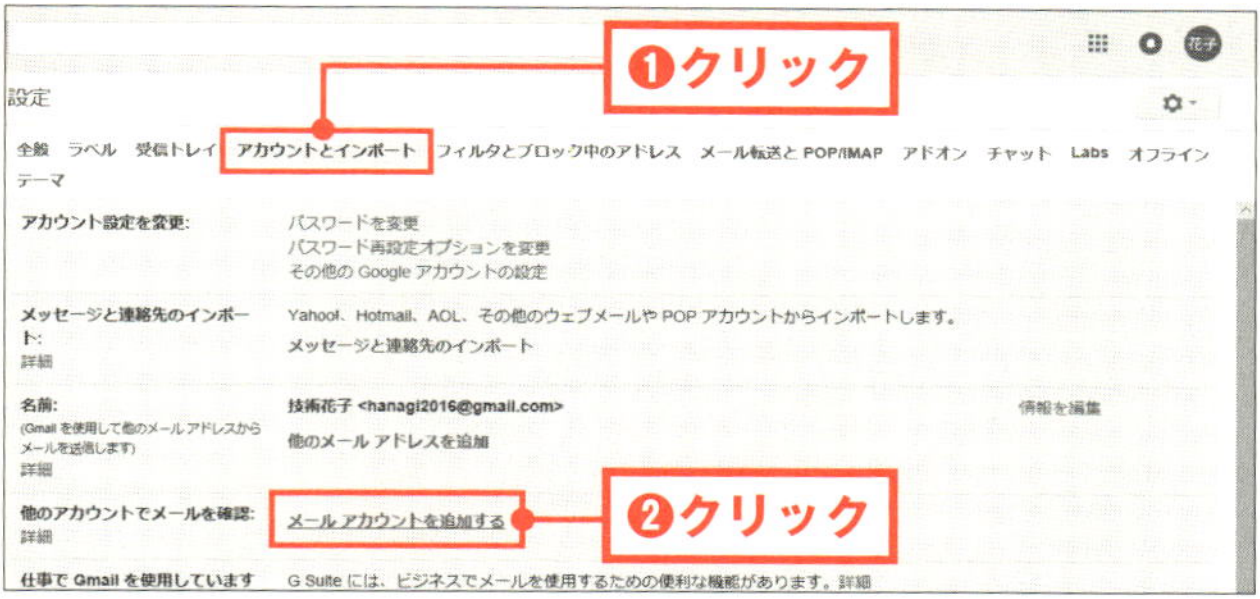

1 Gmailの画面を表示して「設定」をクリックし、「設定」をクリックする。「アカウントとインポート」をクリックして❶、「メールアカウントを追加する」をクリックする❷。

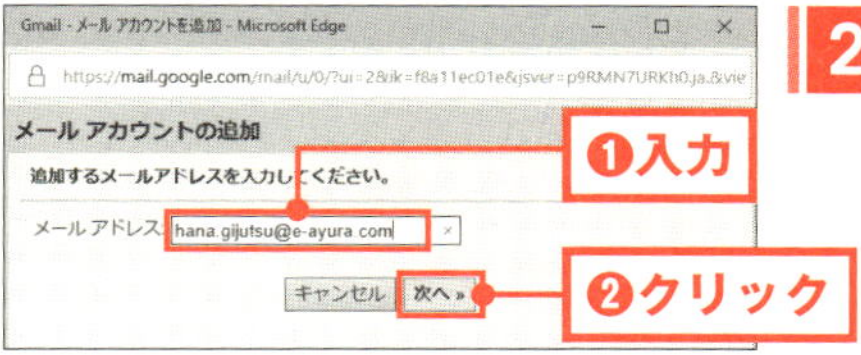

2 追加するメールアカウントのメールアドレスを入力して❶、「次へ」をクリックする❷。

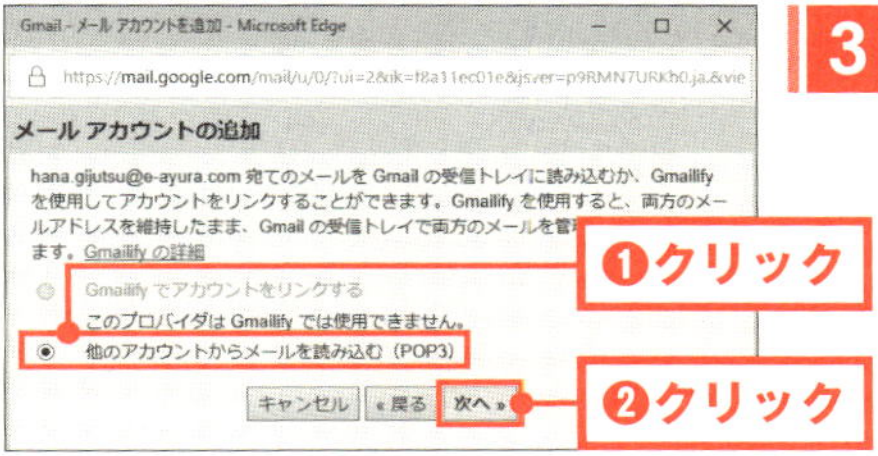

3 「他のアカウントからメールを読み込む（POP3）」をクリックしてオンにし❶、「次へ」をクリックする❷。

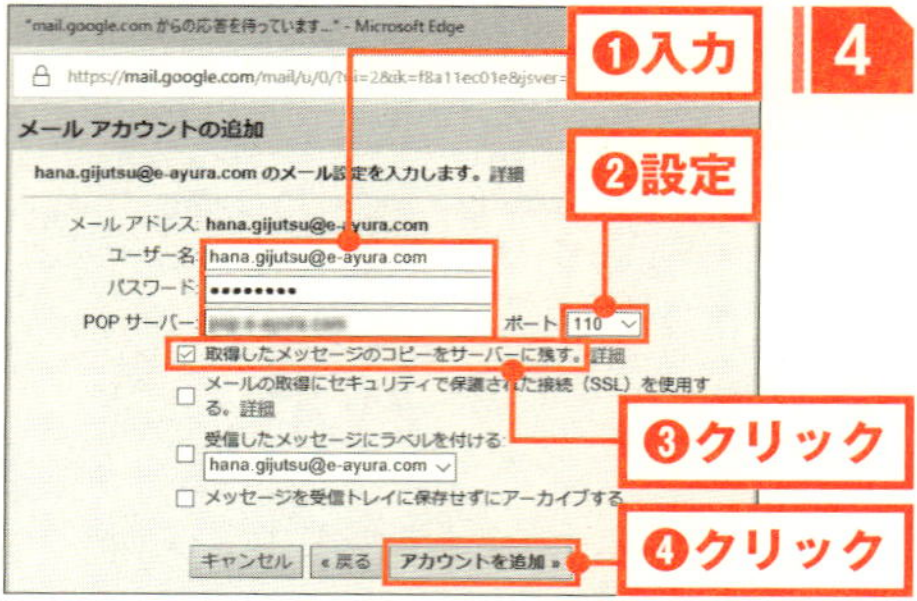

4 ユーザー名とパスワード、POPサーバーを入力する❶。ポートを設定して❷、必要な項目をクリックしてオンにし❸、「アカウントを追加」をクリックする❹。

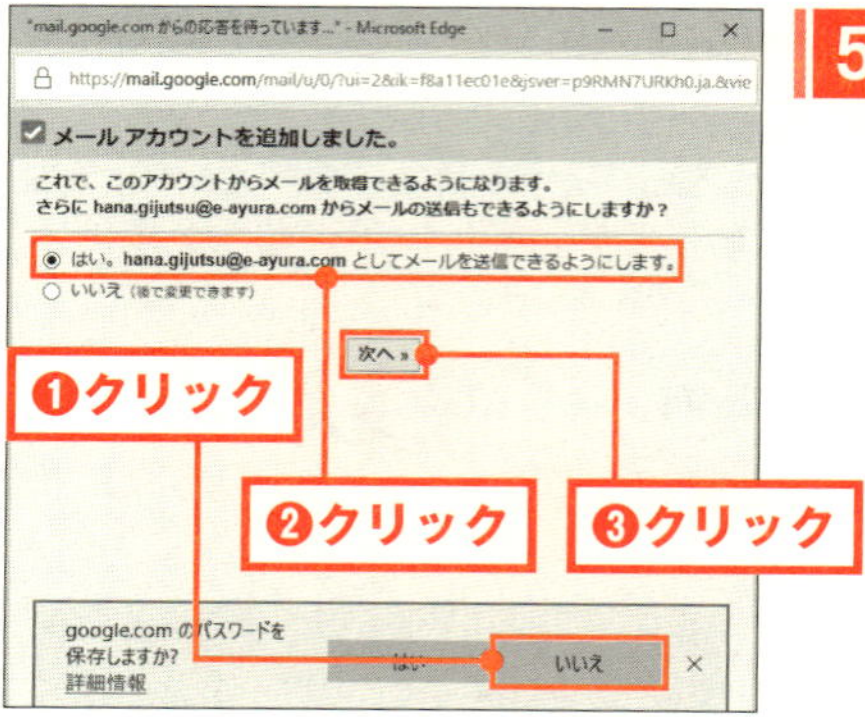

5 「パスワードを保存しますか?」というメッセージが表示された場合は、「いいえ」をクリックする❶。追加したアカウントでメールの送信もできるように、「はい」をクリックしてオンにし❷、「次へ」をクリックする❸。

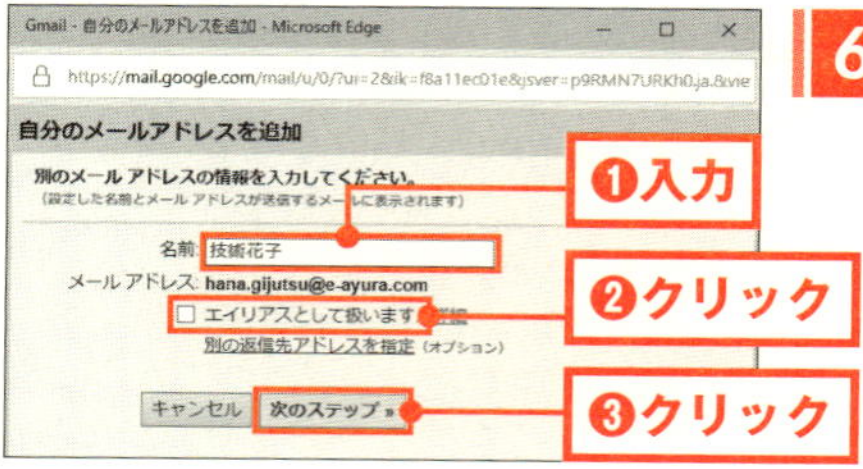

6 追加するメールアドレスの名前を入力する❶。「エイリアスとして扱います」をクリックしてオフにし❷、「次のステップ」をクリックする❸。

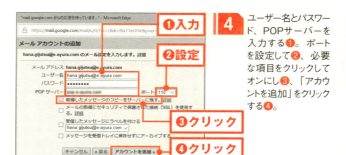

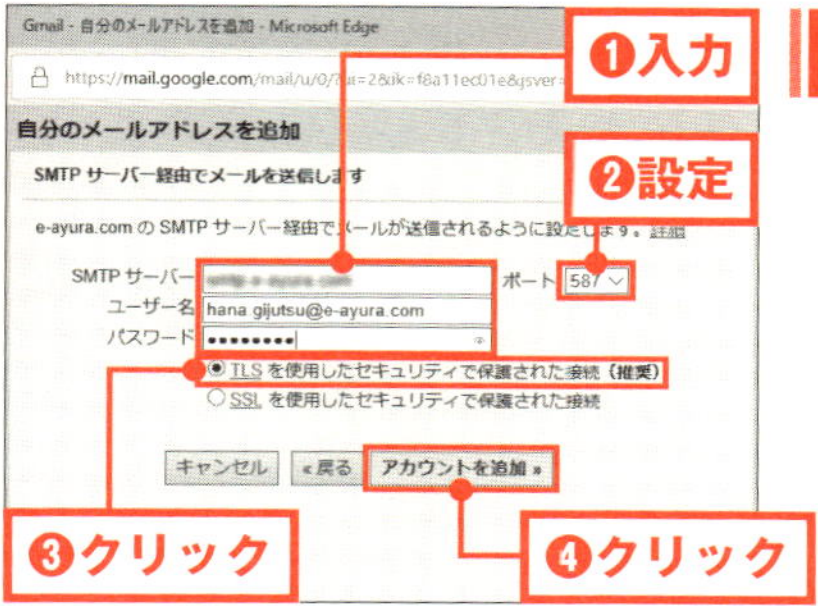

7 SMTPサーバーと、ユーザー名、パスワードを入力して❶、ポートを設定する❷。「TLSを使用したセキュリティで保護された接続」をクリックしてオンにし❸、「アカウントを追加」をクリックする❹。

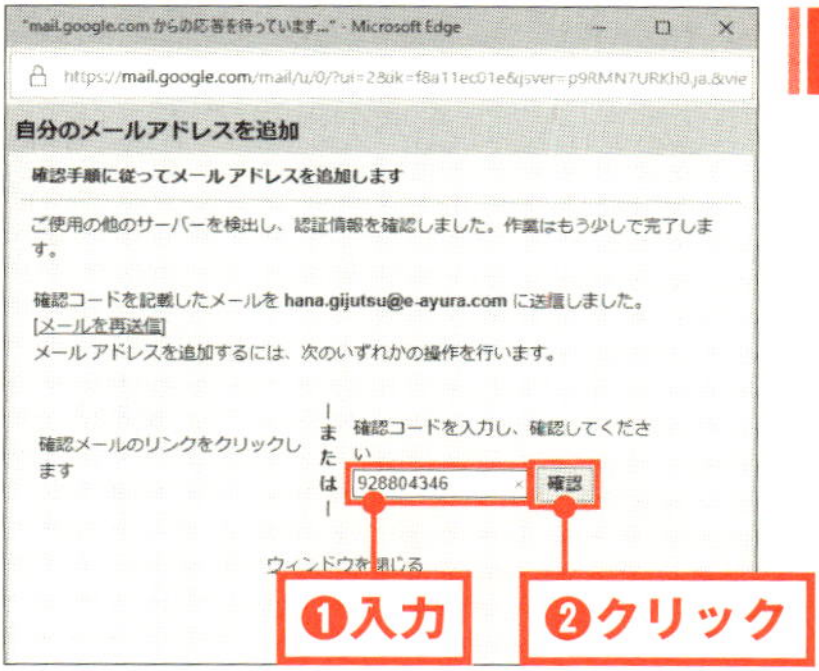

8 追加したメールアドレス宛に確認コードが記載されたメールが届くので、コードを入力して❶、「確認」をクリックすると❷、メールアドレスが追加される。

9 Gmailから確認のメールが届くので、メールに表示されているリンクをクリックする❶。表示される画面で「確認」をクリックすると、追加したアカウントからメールを送受信できる。

クラウド

081

長期不在時にはメッセージを自動返信させる

Gmail

出張や休暇などで長期不在になる場合、外出先でメールを確認できればよいが、できない場合もあるだろう。取引先などからメールが届いた際に、何日も返信をしないのでは相手に不安を与えてしまう。

この場合は、178ページの方法で会社のメールをＧｍａｉｌで送受信できるように設定しておくと便利だ。Ｇｍａｉｌには、受信したメールに対して**不在メッセージを自動的に返信してくれる「不在通知」機能**が搭載されている。「設定」画面の「全般」タブでこの機能を有効にして、不在時に送信するメッセージを入力する。期間を設定しておくと、設定期間中に受信したメールに対して、メッセージが自動で返信される。

不在通知は、すべての受信メールに返信したり、連絡先に登録されている相手のみに限定したりすることができる。不在通知が不要になった場合は、不在通知をオフにするのを忘れないようにしよう。

ここがポイント! 「不在通知」を有効にしてメッセージを設定する

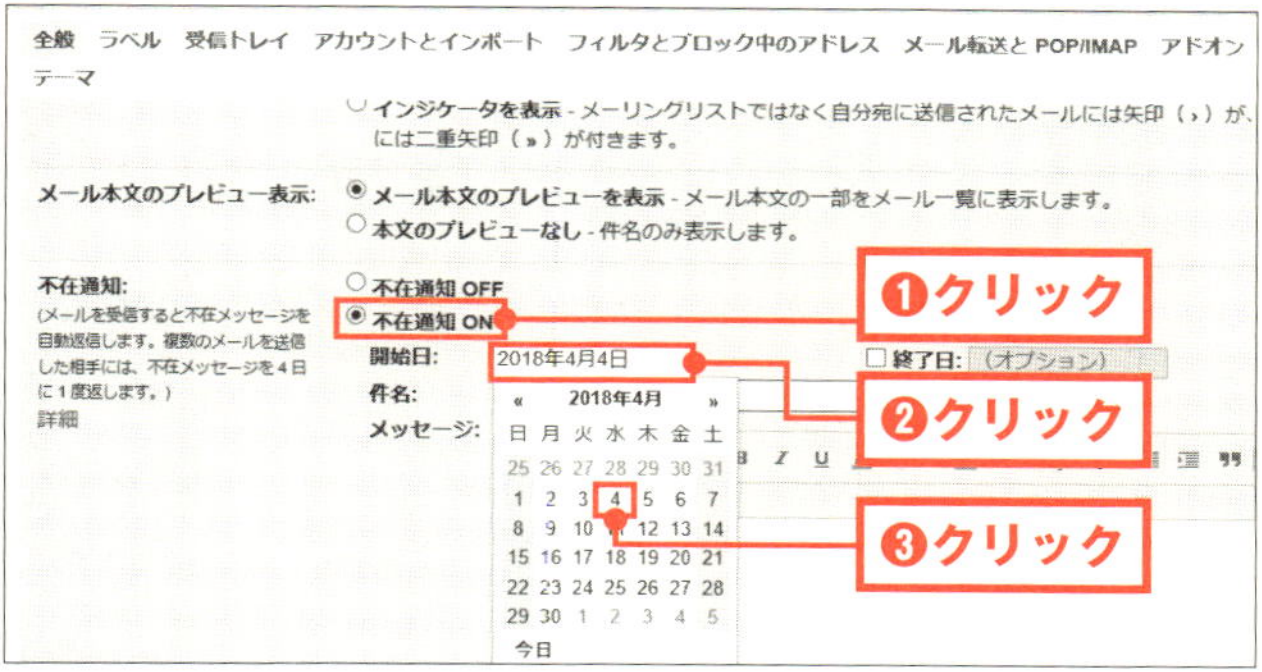

1 Gmailの「設定」画面を表示して、「全般」タブの下のほうにある「不在通知」の「不在通知ON」をクリックしてオンにする❶。「開始日」をクリックして❷、表示されるカレンダーで開始日をクリックする❸。

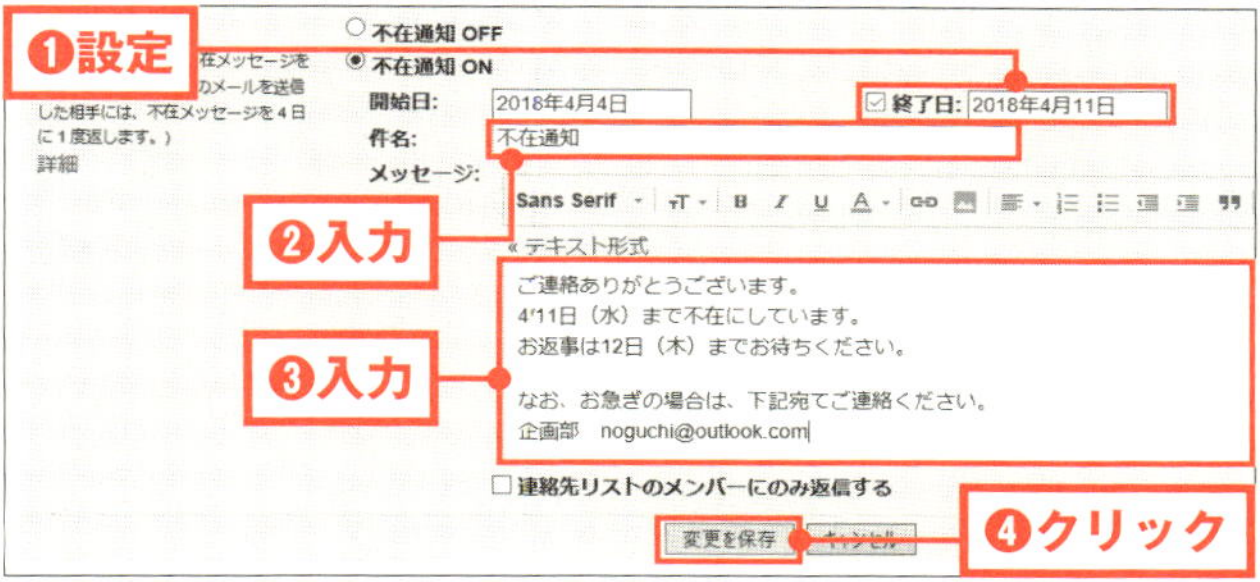

2 「終了日」をクリックしてオンにし、開始日同様に終了日を設定する❶。「件名」を入力して❷、不在メッセージを入力し❸、「変更を保存」をクリックする❹。連絡先に登録されている相手のみに限定する場合は、「連絡先リストのメンバーにのみ返信する」をクリックしてオンにする。

クラウド

082

頻繁に送信するメンバーのアドレスはグループ化する

Gmail

同じ部署やプロジェクトチームなど、複数のメンバーとメールをやりとりすることは多いだろう。宛先に複数の宛先を入力したり、CCを利用したりして、まとめて送信することはできるが、手間がかかるし、うっかり入力し忘れてしまうこともあり得る。

Gmailでは、ラベルを使用することで、**連絡先グループを作成し、登録されている連絡先を管理**することができる。メンバーをグループにまとめておくと、**同時にメールを送信**することができるので便利だ。グループは複数作成することができ、1人のメンバーを複数のグループに登録することもできる。

連絡先グループを作成するには、Google連絡先画面を表示して、「**ラベルを作成**」をクリックし、ラベルに付けるグループ名を入力する。ラベルを作成したら、連絡先をラベルに追加する。グループ宛にメールを送信するときは、宛先にグループ名を指定すればよい。

ここがポイント!

連絡先をグループにまとめる

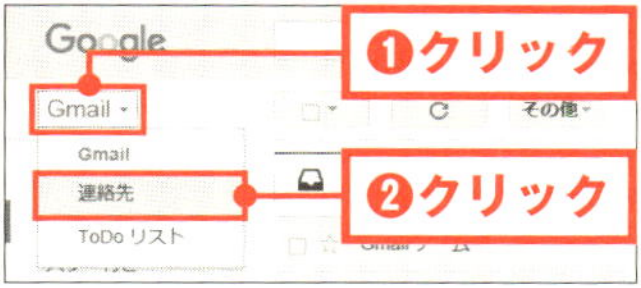

1 Gmailの画面を表示して「Gmail」をクリックし❶、「連絡先」をクリックする❷。手順**2**の画面が表示されない場合は、「コンタクトのプレビューを試す」をクリックする。

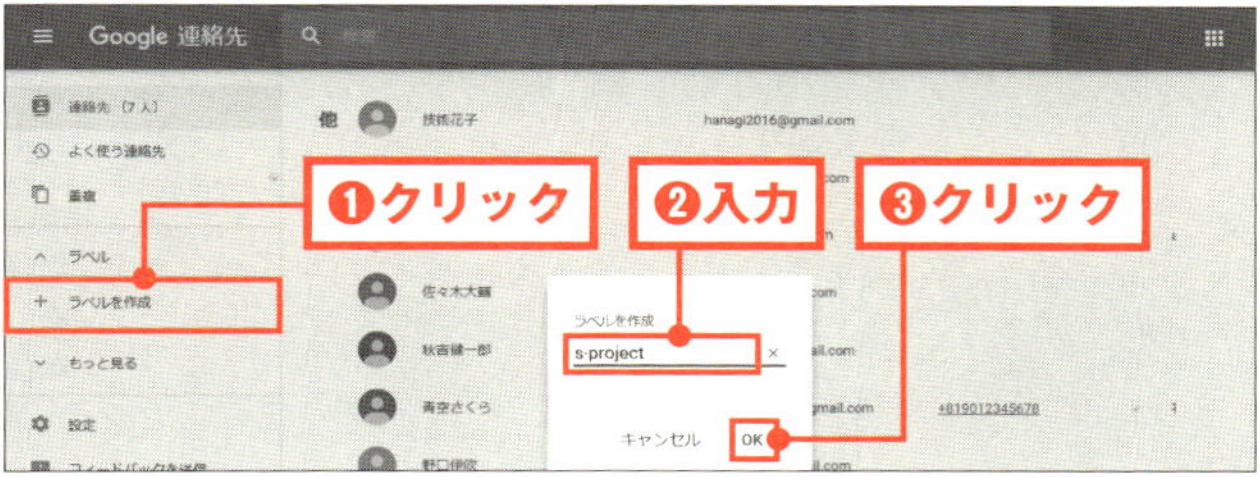

2 「ラベルを作成」をクリックして❶、グループ名を入力し❷、「OK」をクリックする❸。

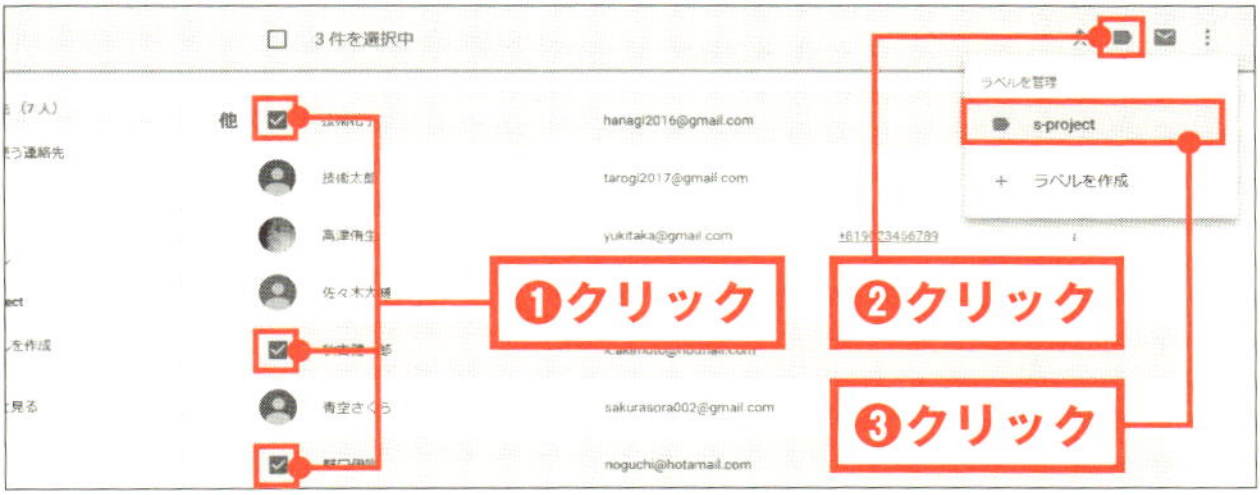

3 グループにまとめたい連絡先にマウスポインターを合わせ、チェックボックスをクリックしてオンにする❶。メンバーをすべて選択したら、「ラベルを管理」をクリックして❷、連絡先グループをクリックすると❸、選択したメンバーがグループに追加される。

クラウド

083

よく使う文面を定型文として登録しておく

Gmail

メールの冒頭に入力するあいさつ文などは、毎回同じ文章を使用することが多い。Ｇｍａｉｌには、**頻繁に使用する文章を「返信定型文」として登録**する機能が用意されているので利用しよう。新規メールを作成するときに、登録した定型文をかんたんに挿入することができる。

返信定型文を登録するには、「設定」画面の「Ｌａｂｓ」をクリックして、「返信定型文」を有効にする。続いて、「新規メッセージ」画面を表示して、文章を入力し、返信定型文として名前を付けて保存しておく。登録した定型文を使用するには、「新規メッセージ」画面の「その他のオプション」から「返信定型文」をクリックして挿入する。

なお、返信定型文機能は実験的な機能の集まりであるＧｍａｉｌ Ｌａｂｓの１つだ。場合によっては、機能の内容が変更になったり、機能自体が削除されてしまったりすることもあるので、利用する際には確認が必要だ。

ここがポイント!

返信定型文を有効にして、文章を保存する

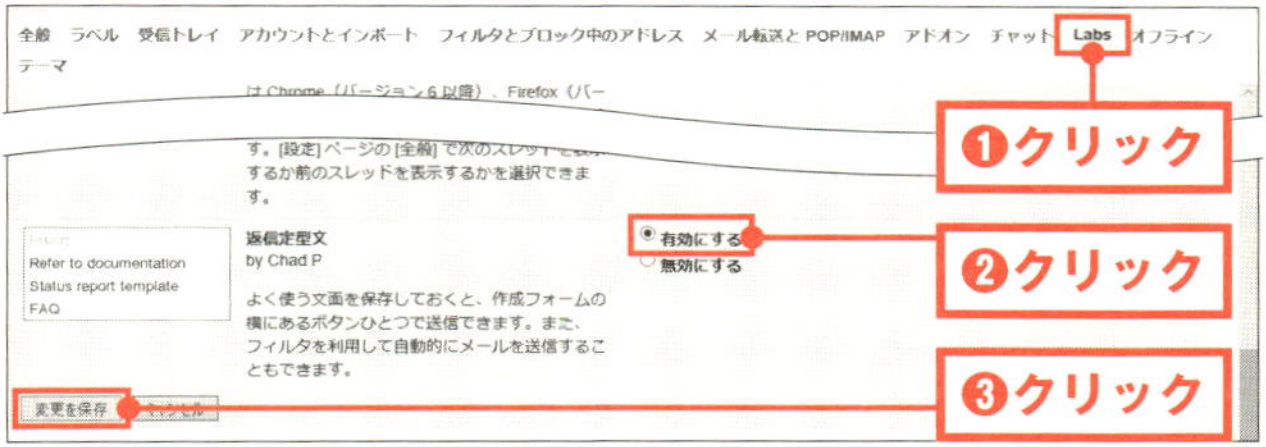

1 Gmailの「設定」画面を表示して、「Labs」をクリックする❶。画面の下のほうにある「返信定型文」の「有効にする」をクリックしてオンにし❷、「変更を保存」をクリックする❸。

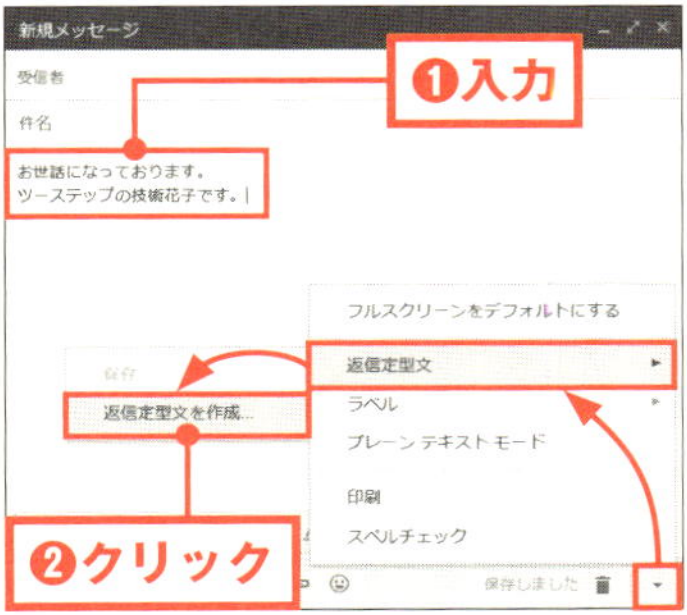

2 「作成」をクリックして、「新規メッセージ」画面を表示する。登録する文章を入力して❶、「その他のオプション」→「返信定型文」→「返信定型文を作成」の順にクリックする❷。

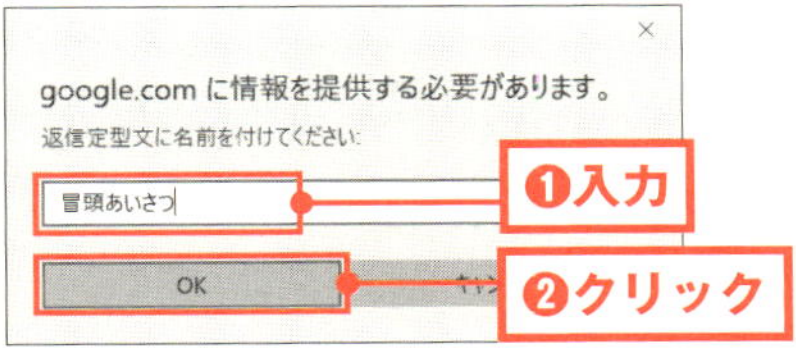

3 定型文の名前を入力して❶、「OK」をクリックする❷。返信定型文を使用するには、「新規メッセージ」画面を表示して、「その他のオプション」から「返信定型文」をクリックし、「挿入」の一覧から挿入したい返信定型文をクリックする。

COLUMN

コラム 4

クラウドサービスの利用は業者に対する信頼性が重要

クラウドサービスは、インターネットに接続できる環境があれば、申し込むだけで、いつでもどこからでも使用できる便利なサービスだ。しかし、重要なデータを預けるのであるから、信頼できるサービス事業者を選ぶことが重要だ。事業者自身も、安心して利用してもらえるようにさまざまな対策を実行しているので、比較してみるのもよいだろう。

クラウドサービス利用時のポイント

- サービスやインターネットに万が一障害が発生することも考えて、複数のクラウドサービスに同じデータを保存しておく。
- 空港やホテル、カフェなど、無料で利用できる無線 LAN サービスは通信が暗号化されていなかったり、強度が弱い場合があるので、使用しない。
- サービスを使うための ID とパスワードはしっかり管理する。使い回しはしない。
- サービス側のバックアップ体制を確認する。
- サービスのウェブサイトが SSL 暗号化通信に対応しているかを確認する。URL の始まりが「https://」であれば対応している。
- CSA ジャパン、JASA- クラウドセキュリティ推進協議会などの第三者機関による評価を確認する。

第5章

セキュリティ編

セキュリティのマナー&最新常識

ウイルス対策ソフトは必ず有効にしておく

ウイルスは、メールやウェブサイト、外部記憶メディアなど、さまざまな場所から侵入し、データの流出や改ざんなどの被害をもたらす。安全にパソコンを利用するためには、**ウイルス対策ソフト**を常に最新の状態で利用することが重要だ。

Windowsには、ウイルス対策ソフトとして**Windows Defender**が標準で搭載されている（Windows 8以降）。Defenderには、パソコンの動作を常に監視してウイルスを遮断するリアルタイム保護機能と、パソコンに保存されているファイルがウイルスに感染していないかどうかをチェックするスキャン保護機能が備わっている。更新プログラムはWindows Updateを介して自動的にダウンロードされるので、**常に最新の状態で利用できる**。

Windows Defenderは初期設定で有効になっているが、何らかの原因で無効になっている場合は、すぐに有効にしよう。

ここがポイント! Windows Defenderの有効/無効を確認する

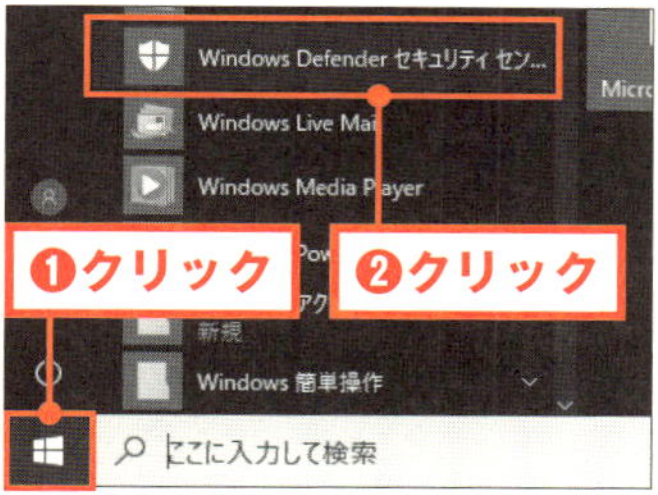

1 「スタート」をクリックして❶、「Windows Defenderセキュリティセンター」をクリックする❷。

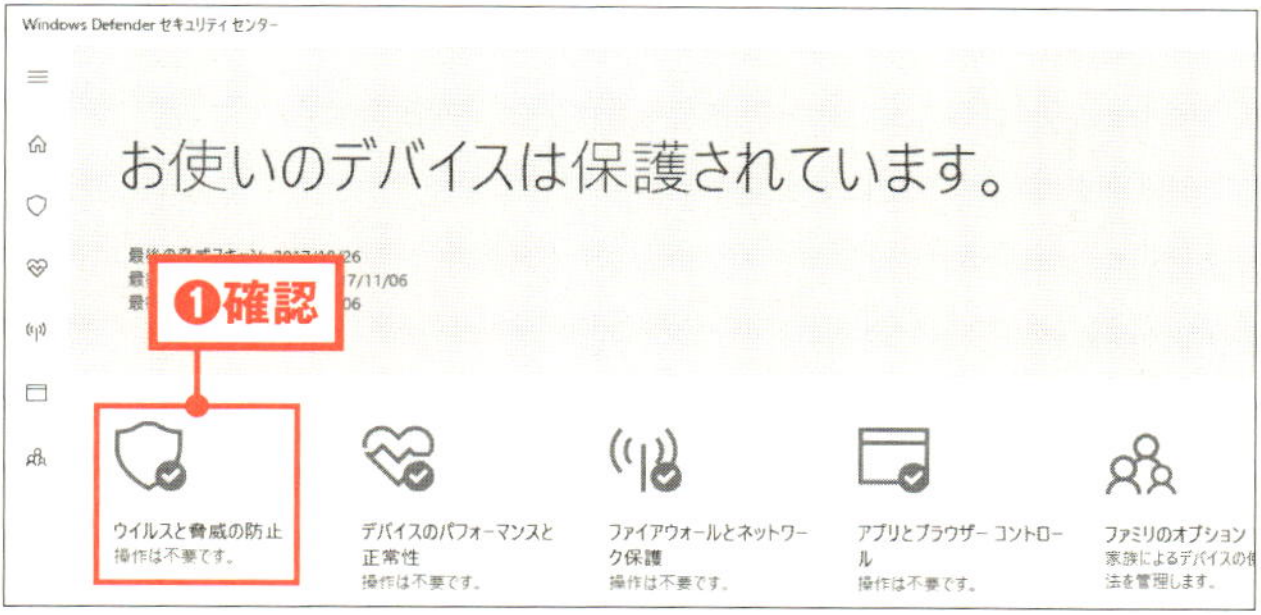

2 「お使いのデバイスは保護されています。」という画面が表示されるので、「ウイルスと脅威の防止」が有効になっていることを確認する❶。

★One Point !★

Windows Defenderが無効になっている場合は、右のような画面が表示されるので、「ウイルスと脅威の防止」の「今すぐ再起動」をクリックする。

重要なファイルにはパスワードを設定する

ビジネスでは、関係者以外に見られたり、内容を改ざんされたりしてはいけない文書を作成することは少なくない。

重要なファイルは、部外者がファイルを勝手に開いて閲覧したり、編集したりできないように、**パスワードを設定**して、きちんと管理しておくことが大切だ。

パスワードを設定しておくと、以降、そのファイルを開くには、パスワードの入力が必要になる。万が一間違ってメールに添付してしまったり、ファイルを保存したＵＳＢメモリーを紛失してしまったりした場合でも、ファイルを開かれるというリスクは低くなる。

パスワードを設定するには、「ファイル」タブの「情報」で、ワードでは「**文書の保護**」、エクセルでは「**ブックの保護**」から設定する。パスワードを解除する場合は、左ページ手順2の「ドキュメントの暗号化」ダイアログボックスを表示して、設定したパスワードを削除し、「ＯＫ」をクリックするとよい。

ここがポイント! ファイルにパスワードを設定する

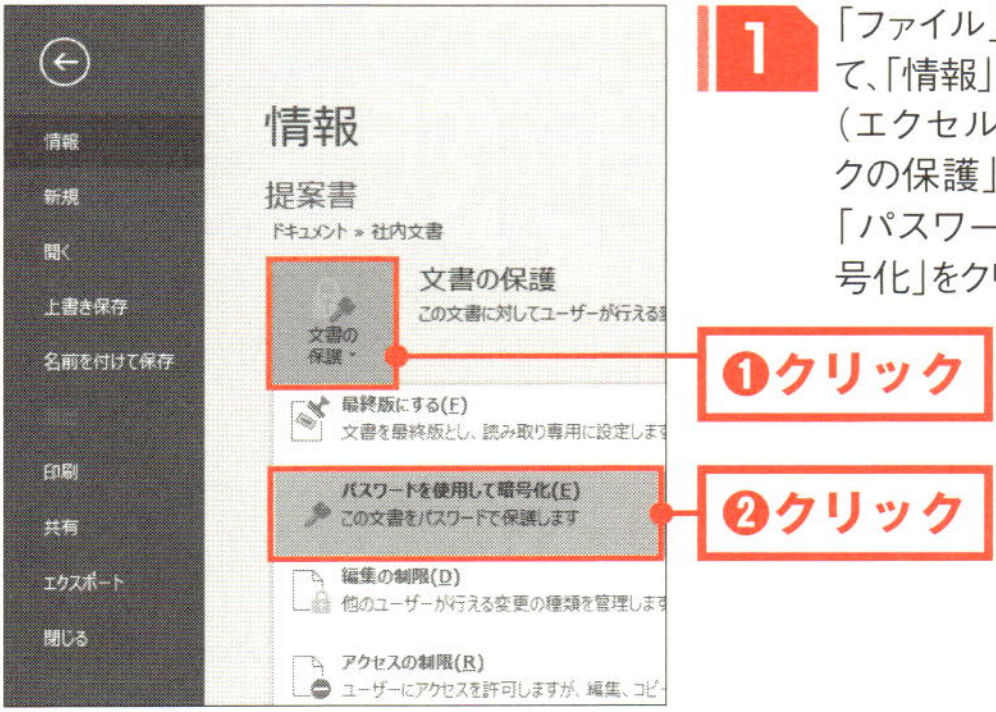

1 「ファイル」タブをクリックして、「情報」の「文書の保護」（エクセルの場合は「ブックの保護」）をクリックし❶、「パスワードを使用して暗号化」をクリックする❷。

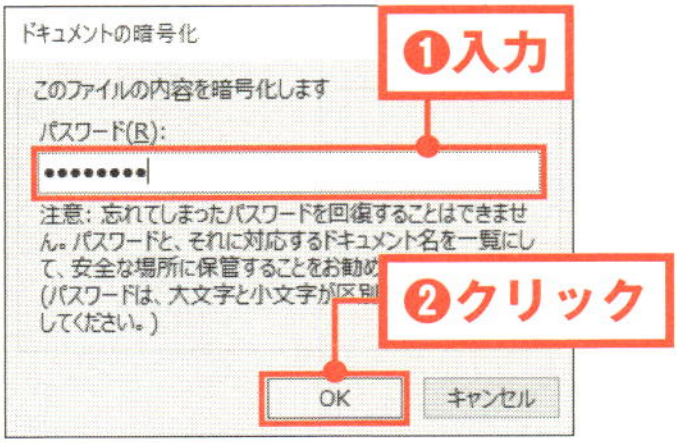

2 パスワードを入力して❶、「OK」をクリックする❷。確認のダイアログボックスが表示されるので、同じパスワードを入力して、「OK」をクリックする。

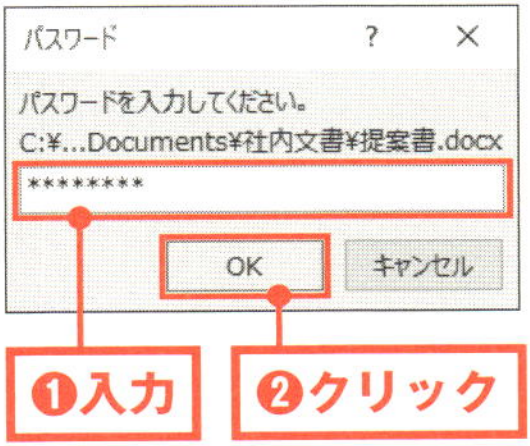

パスワードを設定したファイルを開く場合、パスワードの入力を要求される。設定したパスワードを入力して❶、「OK」をクリックする❷。

セキュリティ

086

ＵＳＢメモリーからのウイルス感染に注意する

ＵＳＢメモリーは、データの保存や持ち運びなどに手軽で便利なメディアだが、万が一ウイルスに感染したＵＳＢメモリーをパソコンに挿入すると、**パソコンもウイルスに感染してしまう可能性**がある。ウイルス感染を防ぐには、出所が不明なＵＳＢメモリーは使用しない、信頼できないパソコン（セキュリティ対策がされていないパソコン）ではＵＳＢメモリーを使用しない、などの注意が必要だ。

Ｗｉｎｄｏｗｓには、ＵＳＢメモリーなどをセットしたときに、自動的にファイルを開いたり、プログラムを実行したりする**自動再生機能**が搭載されている。この機能を利用して、ＵＳＢメモリーからパソコンへウイルスを感染させる被害も増えている。Ｗｉｎｄｏｗｓの初期設定では自動再生が有効に設定されているので、**無効にしてウイルス感染を防ごう**。

また、ウイルス対策機能を搭載したセキュリティＵＳＢメモリーもあるので、それを利用するとより安心だ。

ここがポイント!

自動再生を無効にする

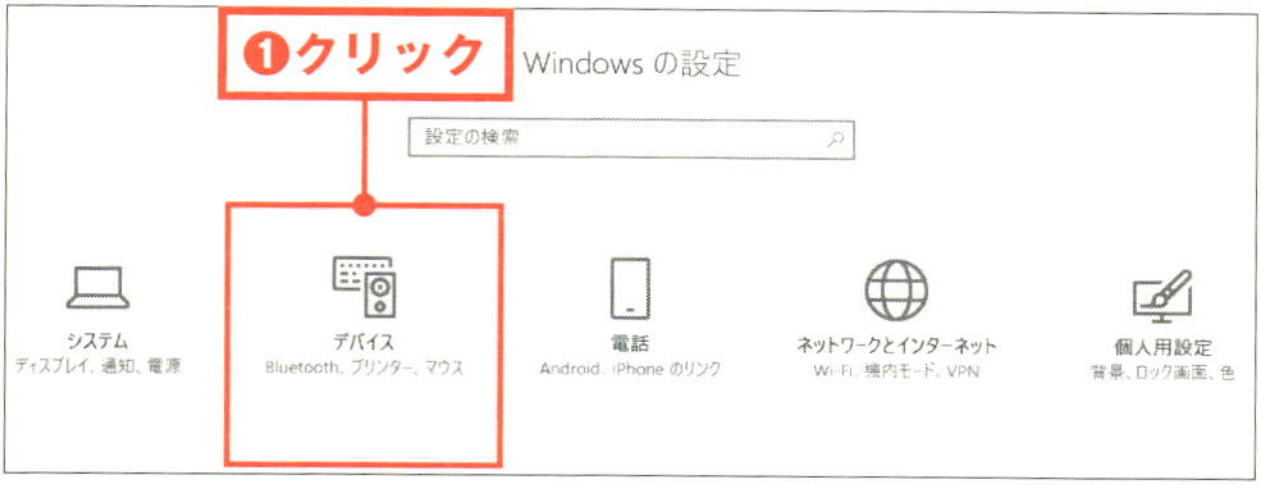

1 「スタート」をクリックして「設定」をクリックし、「デバイス」をクリックする❶。

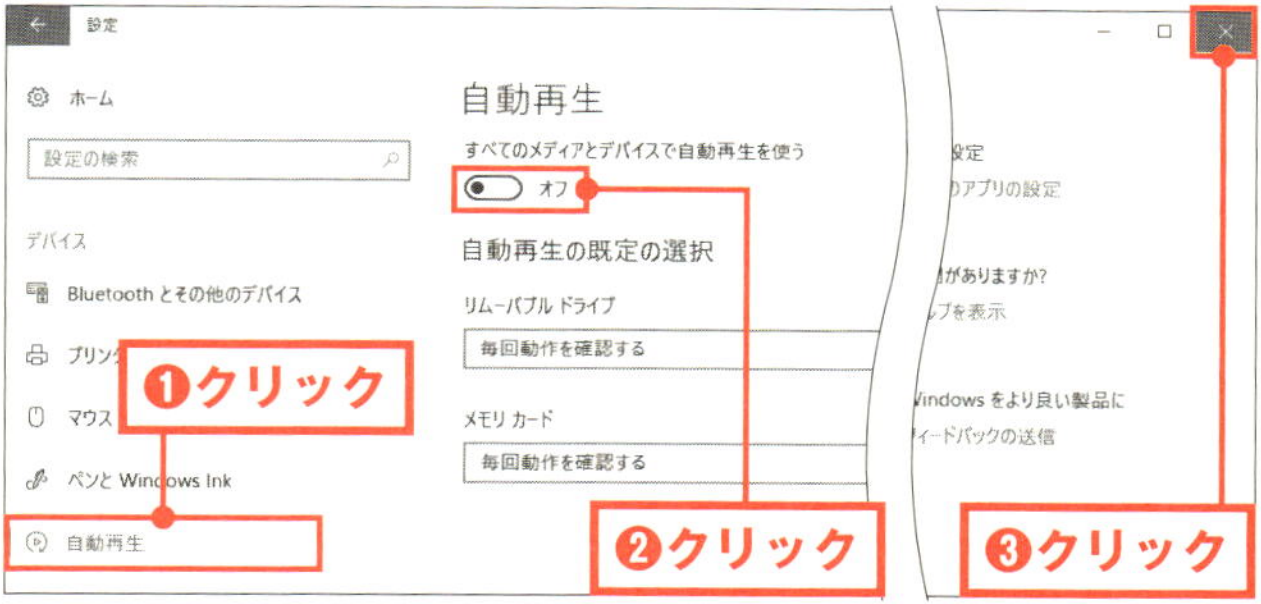

2 「自動再生」をクリックして❶、「すべてのメディアとデバイスで自動再生を使う」をクリックして「オフ」にし❷、「閉じる」をクリックする❸。

★One Point !★

自動再生をオフにしたら、「自動再生の既定の選択」でリムーバルドライブとメモリカードを「毎回動作を確認する」に設定しておくとよいだろう。

セキュリティ

087

パソコンの廃棄は専門業者に依頼する

パソコンを廃棄する場合、通常の不燃ごみや粗大ゴミには出せない。パソコンメーカーが責任をもって引き取り、資源リサイクルすることが「ＰＣリサイクル法」で義務付けられているからだ。

パソコンの廃棄は、対象のパソコンメーカーに申し込む→処理委託契約を結ぶ→パソコンをメーカーに引き渡す、の順で実行する。個人でパソコンを使用している場合は、ＰＣリサイクルマークが付いているものは無料になるが、**企業や団体などの法人で使用していたパソコンは産業廃棄物扱いになり有料**になる。

なお、パソコンを廃棄する際は、**ＨＤＤの内容を消去して、情報の流出を防ぐ**ことが重要だ。ＰＣリサイクルによる回収ならメーカーが消去してくれる場合もあるが、自分で消去するほうが安心だろう。データを消去するには、ＨＤＤを取り出して破壊する、専用のアプリを使って消去する、店頭に持ち込んで破壊してもらう（有料）などの方法がある。

ここがポイント!

パソコンを廃棄する際は各パソコンメーカーに依頼する

パソコンを廃棄する際は、メーカーに引き取ってもらい、リサイクルすることが法律で義務付けられている。廃棄の費用は、企業や団体などで使用していたパソコンの場合は有料となる(個人で使用していた場合は、PCリサイクルマークが付いているものであれば無料)。

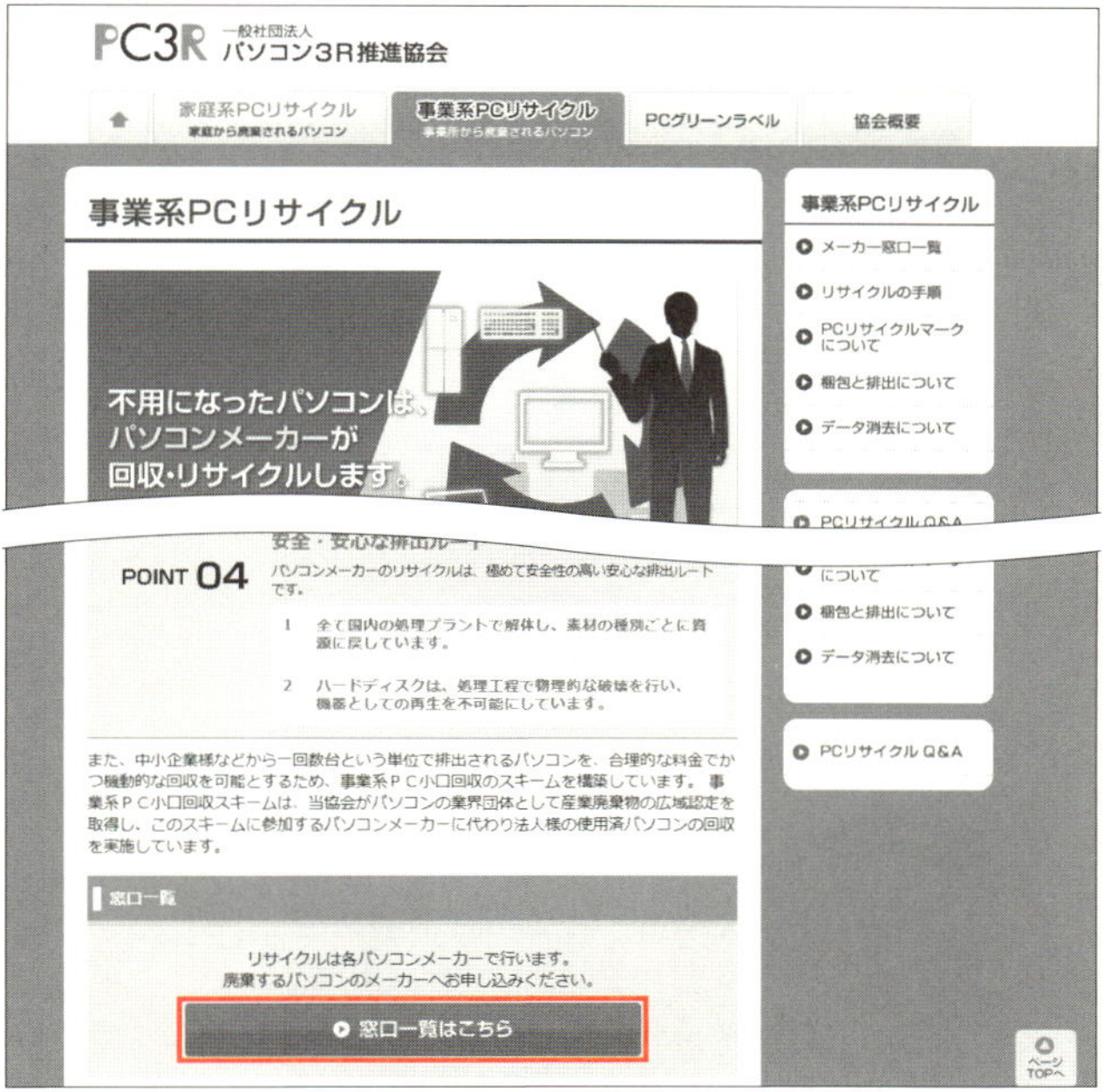
PC3R 一般社団法人 パソコン3R推進協会
家庭系PCリサイクル
家庭から廃棄されるパソコン
事業系PCリサイクル
事業所から廃棄されるパソコン
PCグリーンラベル
協会概要
事業系PCリサイクル
不用になったパソコンは、
パソコンメーカーが
回収・リサイクルします。
事業系PCリサイクル
メーカー窓口一覧
リサイクルの手順
PCリサイクルマークについて
梱包と排出について
データ消去について
POINT 04
パソコンメーカーのリサイクルは、極めて安全性の高い安心な排出ルートです。
1 全て国内の処理プラントで解体し、素材の種別ごとに資源に戻しています。
2 ハードディスクは、処理工程で物理的な破壊を行い、機器としての再生を不可能にしています。
また、中小企業様などから一回数台という単位で排出されるパソコンを、合理的な料金でかつ機動的な回収を可能とするため、事業系PC小口回収のスキームを構築しています。事業系PC小口回収スキームは、当協会がパソコンの業界団体として産業廃棄物の広域認定を取得し、このスキームに参加するパソコンメーカーに代わり法人様の使用済パソコンの回収を実施しています。
について
梱包と排出について
データ消去について
PCリサイクル Q&A
窓口一覧
リサイクルは各パソコンメーカーで行います。
廃棄するパソコンのメーカーへお申し込みください。
窓口一覧はこちら
ページTOPへ

パソコンメーカーごとの回収申込先やリサイクルの手順などは、「パソコン3R推進協会」(www.pc3r.jp)のウェブサイトで確認できる。

ウェブサイトの画像や文章は勝手に使わない

インターネットにはたくさんの画像やさまざまな情報があり、調べものをするときにはとても便利だ。しかし、**画像をダウンロードして勝手に利用したり、文章をコピーしたりして使うのはＮＧ**だ。

他人が作成した画像、文章などは作成者のもので、著作権法で守られている。インターネットに公開されている画像や文章を勝手に利用するのは**著作権法の侵害**になる。

画像を利用する必要がある場合は、著作権フリーや商用利用可能の画像を使うとよいだろう。ただし、利用する際は、出典元のウェブサイトに記載されている**利用条件を必ず確認する**こと。

他人が作成した文章は、自分の文章の説明や補強として**引用するのであれば利用することが可能**だ。この場合は、自分の文章と引用部分を明確に区別する。また、引用元がわかるように、ウェブサイトからの引用の場合はウェブサイト名とＵＲＬを記述する。

ここがポイント! インターネット上の画像は利用条件を必ず確認する

コーヒー豆 画像
❶クリック
ページを表示する free-photos.gatag.net
2048 × 1280 jpeg

1 検索した画像をクリックして、出典元のウェブサイトのURLをクリックする❶。

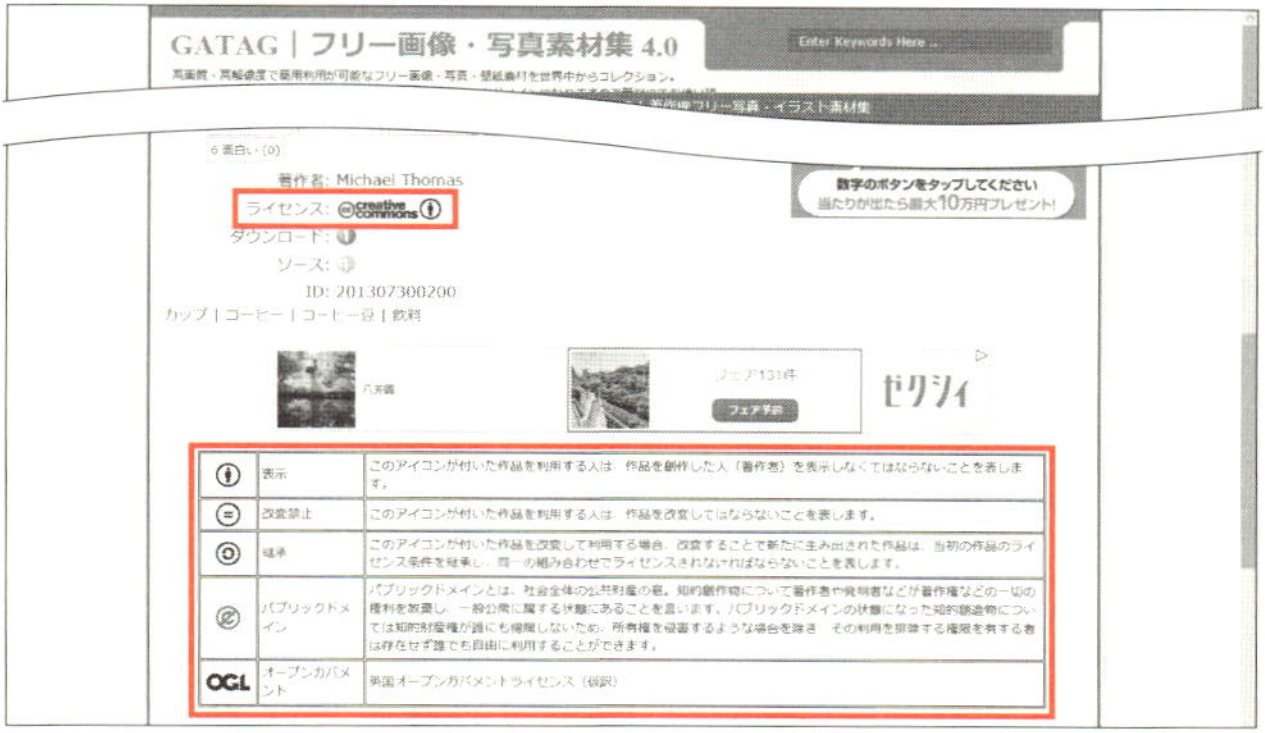
GATAG | フリー画像・写真素材集 4.0
著作者: Michael Thomas
ライセンス:
ダウンロード:
ソース:
ID: 201307300200
カップ | コーヒー | コーヒー豆 | 飲料
数字のボタンをタップしてください
当たりが出たら最大10万円プレゼント!
表示
このアイコンが付いた作品を利用する人は、作品を創作した人（著作者）を表示しなくてはならないことを表します。
改変禁止
このアイコンが付いた作品を利用する人は、作品を改変してはならないことを表します。
継承
このアイコンが付いた作品を改変して利用する場合、改変することで新たに生み出された作品は、当初の作品のライセンス条件を継承し、同一の組み合わせでライセンスされなければならないことを表します。
パブリックドメイン
パブリックドメインとは、社会全体の公共財産の意。知的創作物について著作者や発明者などが著作権などの一切の権利を放棄し、一般公衆に属する状態にあることを言います。パブリックドメインの状態になった知的創造物については知的財産権が誰にも帰属しないため、所有権を侵害するような場合を除き、その利用を排除する権限を有する者は存在せず誰でも自由に利用することができます。
OGL
オープンガバメント
英国オープンガバメントライセンス（仮訳）

2 著作権フリーや商用利用可能な画像であれば、利用条件が表示されるので確認する。条件の表示方法は、それぞれのウェブサイトによって異なる。

089

安全なパスワードを設定する

パソコンにログインしたり、インターネットのサービスを利用したりする際に使用するパスワードは、自分が正当な利用者であることを証明するための大切な情報だ。もし、パスワードが悪意のある第三者に盗まれてしまうと、なりすましの被害に合うなど、大変なことになる。

パスワードを設定する際は、安全のために**他人に推測されにくく、ツールなどでも割り出しにくいものにする**こと。会社名や自分の名前、生年月日、電話番号など、推測されやすい単語は避けよう。パスワードを定期的に変更する、同じパスワードを使い回さないことも大事だ。

また、安全なパスワードを設定しても、他人に漏れたりしては意味がない。紙に書いて保存する、ファイルにして暗号化する、パスワード管理アプリを利用するなどの方法でパスワードを管理しよう。パスワードを他人に教える、メールでやりとりする、他人の目に触れる場所に貼るなどはしないこと。

ここがポイント！ 推測されないパスワードを作成し、安全に保管する

▼弱いパスワード

NG

- 少ない桁数の文字
- 同じ文字の繰り返しや、わかりやすい並びの文字列
- 連想しやすい文字

▼強いパスワード

OK

- 8文字以上の文字列
- 大文字、小文字、数字、記号を混在させる
- サービスごとに変更する
- 定期的に変更する

▼パスワードの管理方法

管理方法	メリット	デメリット
紙に書いて保存	・インターネットに流出する恐れがない	・盗難や紛失の恐れがある
ファイルにして暗号化	・エクセルやワードなど、慣れたアプリで管理できる	・ファイルが流出すると解読される恐れがある
パスワード管理アプリを利用	・保存したパスワードが自動的に暗号化される ・大量のパスワードをかんたんに管理できる	・アプリのダウンロード、あるいは購入が必要

LastPass
生活をシンプルに。
LastPass がすべてのパスワードを記憶します。もうパスワードを覚える必要はありません。
LastPass Free を入手
facebook
amazon
YAHOO!

IDやパスワードを一元管理できるパスワード管理アプリを利用すると、安全性が高くなる。パスワードの自動生成機能や自動入力機能を搭載した製品も多い。

ウェブブラウザーにパスワードを保存しない

ウェブブラウザーでは、サービスを利用する際にパスワードを入力すると、パスワードを保存するかどうかを確認するメッセージが表示される場合がある。**「はい」や「保存」をクリックすると、パスワードが保存される。**

パスワードを保存しておくと、次回利用する際にパスワードを入力しなくてもログインできるようになるので、パスワードを覚えておかなくてもよい、入力する手間が省けるなどのメリットがある。

しかし、パソコンを複数人で使用している場合などは、**ほかの人がパスワードを知らなくても、そのウェブサイトにログインできてしまう。**また、万が一パソコンがウイルスに感染した場合は、自分が利用しているサービスに不正にアクセスされてしまう可能性がある。

面倒でも、パスワードは保存せずに、毎回入力したほうがよいだろう。**パスワードを保存させないように設定する**こともできる。

ここがポイント！ パスワードを保存させないように設定する

1 ウェブブラウザー（ここではEdge）を表示して、「設定など」から「設定」をクリックし、「詳細設定を表示」をクリックする❶。

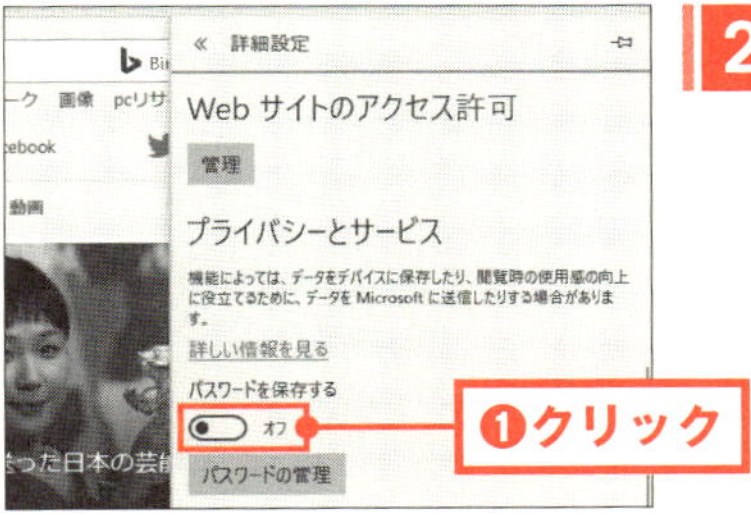

2 「パスワードを保存する」をクリックして「オフ」にすると❶、パスワードが保存されなくなる。なお、「パスワードの管理」をクリックすると、保存したパスワードを確認・削除できる。

★One Point！★

保存したパスワードを削除するには、Edgeを表示して、「ハブ」→「履歴」→「履歴のクリア」の順にクリックする。「閲覧データの消去」画面が表示されるので、「パスワード」をクリックしてオンにし、「クリア」をクリックすると、保存したパスワードをまとめて削除できる（205ページ参照）。

セキュリティ

091

共有パソコンでは閲覧履歴を残さない

ウェブブラウザーでは、ウェブサイトで**閲覧したページや、検索した内容などが履歴として残る**。履歴は、パソコンを自分だけで使用している場合には便利な機能だが、複数人で使用しているときは、自分が閲覧した履歴などを他人に知られたくない場合もあるだろう。

共有パソコンやほかの人のパソコンを借用したときは、ウェブブラウザーを閉じる前に**履歴を削除**しておくとよいだろう。ウェブページを閲覧するたびに履歴を削除するのが面倒という場合は、Ｅｄｇｅの**ＩｎＰｒｉｖａｔｅブラウズを利用する**方法もある。

ＩｎＰｒｉｖａｔｅブラウズは、ウェブページの閲覧履歴や検索履歴、ユーザー名やパスワード情報などを保存せずに、ウェブページを閲覧することができる機能だ。ＩｎＰｒｉｖａｔｅブラウズを利用すると、閲覧履歴などを手動で削除する必要がなくなり、自分の情報が他人に漏れるのを防ぐことができる。

ここがポイント！ 閲覧履歴を削除する

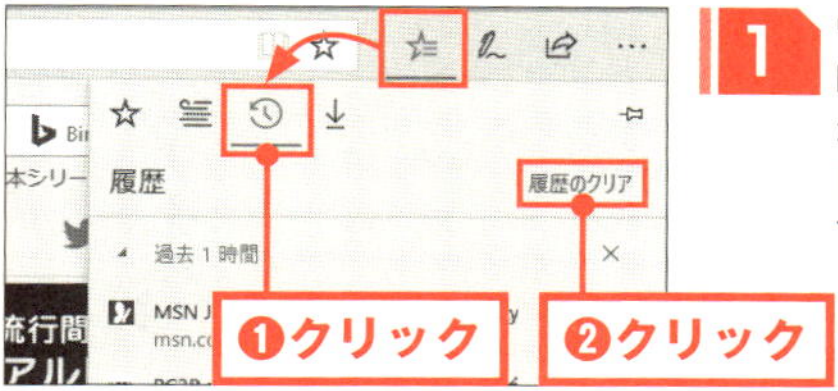

1 ウェブブラウザー（ここではEdge）を表示して、「ハブ」から「履歴」をクリックし❶、「履歴のクリア」をクリックする❷。

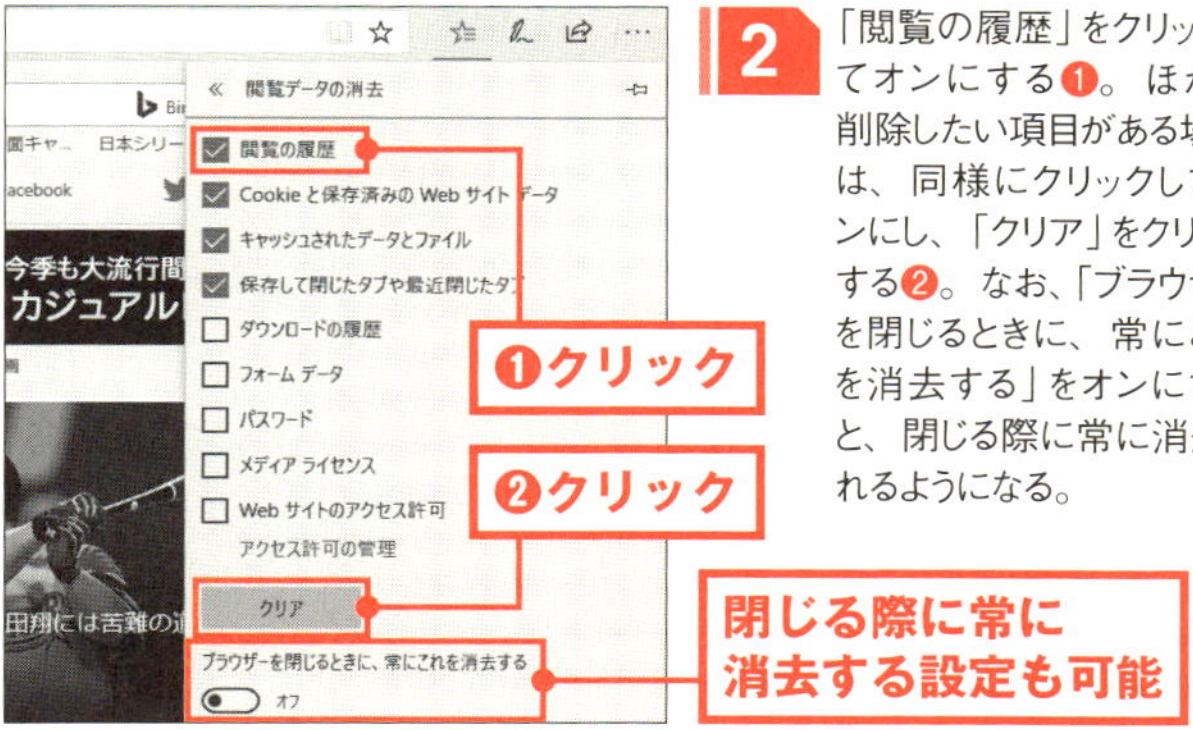

2 「閲覧の履歴」をクリックしてオンにする❶。ほかに削除したい項目がある場合は、同様にクリックしてオンにし、「クリア」をクリックする❷。なお、「ブラウザーを閉じるときに、常にこれを消去する」をオンにすると、閉じる際に常に消去されるようになる。

▼InPrivateブラウズを利用する

1 Edgeを表示して、「設定など」をクリックし❶、「新しいInPrivateウィンドウ」をクリックすると❷、InPrivateブラウズモードで新しいウィンドウが表示される。

092 フリーのWi-Fiスポットは使わない

フリーWi-Fiスポットは、公衆無線LANの利用を無料で提供している場所やエリアのことをいう。外出先でノートパソコンなどをインターネットに接続できるので便利だが、**通信内容を盗聴**されたり、**パソコン内のファイルにアクセス**されたりといった危険性がある。

また、悪意のあるユーザーが情報を搾取する目的でスポットを設置している場合もある。提供元がはっきりしていない、**暗号化されていない（カギのアイコンがない）スポットは使用しない**こと。

提供元がはっきりしているスポットでも、フリーWi-Fiを利用する際はパソコンの共有設定を無効にする、重要な情報にはアクセスしない、アドレスが「https://」から始まる安全性の高いウェブサイトを利用するなどの注意が必要だ。

また、外出時にWi-Fiをオンにしておくと、フリーWi-Fiスポットに自動的に接続されることがある。外出時はオフにしておくとよいだろう。

ここがポイント！ Wi-Fiスポットに勝手に接続しないようにする

▼Wi-Fiをオフにする

1 「スタート」→「設定」→「ネットワークとインターネット」の順にクリックする。「Wi-Fi」をクリックして❶、「Wi-Fi」をクリックし「オフ」にする❷。

▼共有設定を無効にする

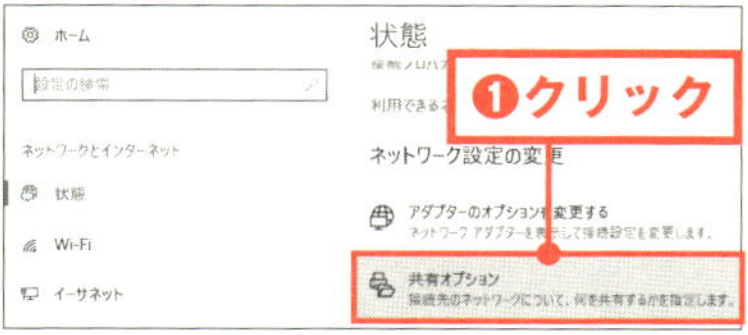

1 「スタート」→「設定」→「ネットワークとインターネット」の順にクリックする。「共有オプション」をクリックする❶。

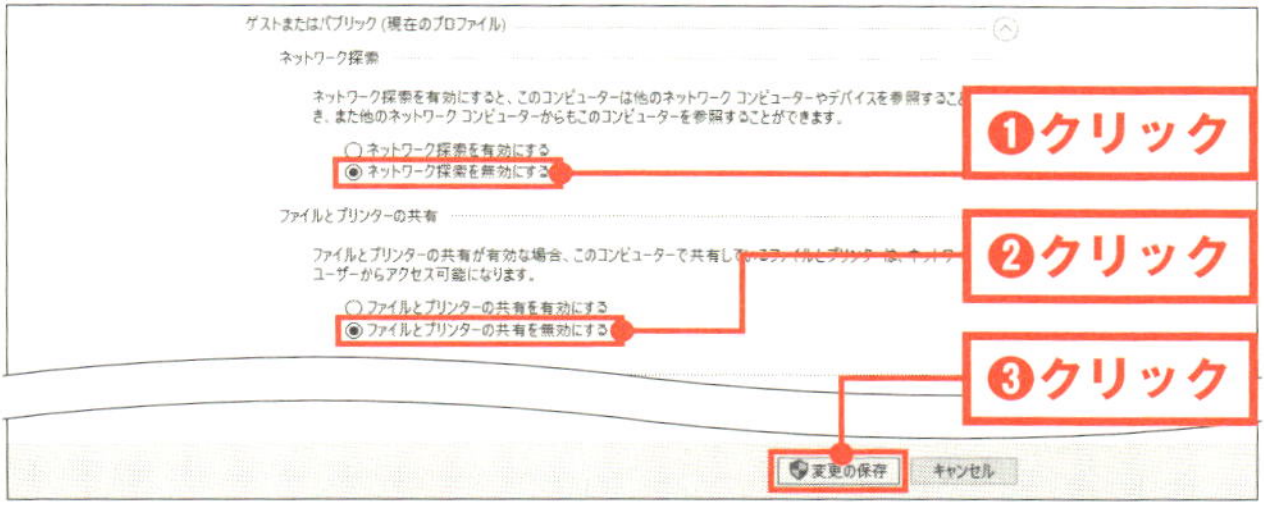

2 「ネットワーク探索を無効にする」をクリックしてオンにする❶。「ファイルとプリンターの共有を無効にする」をクリックしてオンにし❷、「変更の保存」をクリックする❸。

セキュリティ

093

SNSで会社の機密情報を発信しない

SNS（ソーシャルネットワーキングサービス）は、人と人との社会的なつながりを支援する会員制のオンラインサービスだ。誰でもがかんたんに情報を発信できるため、SNSによるコミュニケーションが増えているが、最近は**SNSを通じて秘密が漏えいしてしまう**事態も多く見受けられる。

SNSに投稿した情報は、限られた人しか見ていないだろうと思いがちだが、インターネット上に掲載した情報は、不特定多数の人に公開されているものだ。**勤務先や取引先の情報、業務で知り得た機密情報などは投稿しない**こと。自分では情報をうまくカモフラージュしたつもりでも、投稿した文章や写真などから特定された場合は、勤務先や取引先に多大な迷惑をかけることになる。

また、写真は、個人情報流出やプライバシー侵害につながるものが写っている可能性がある。投稿する場合は、しっかり確認することが必要だ。

ここがポイント!

SNSの利用にもマナーが必要

▼SNSを利用するときの注意

- 他人の個人情報（氏名・住所・電話番号・所属・肩書など）は勝手に公開しない。
- 自分の個人情報の公開は必要最小限にする。住所や固定電話などの入力は極力避ける。
- 誰かを不快にさせたり、他人を誹謗中傷したりするような書き込みはしない。
- 投稿内容が非難を浴びるような内容でないか、秘密にすべき事項を含んでいないかに注意する。
- GPS機能の付いたスマートフォンやデジタルカメラで撮影した写真には、撮影日時や場所の位置情報などが含まれている場合がある。これらの情報を削除してから投稿する。
- 他人が写っている写真を無断で投稿しない。

▼業務に関連する内容は書き込まない

- 会社や上司、取引先の悪口、批判などは投稿しない。
- 会社の機密情報や経営状況などは投稿しない。
- 顧客や取引先の情報などは投稿しない。
- 非公開の自社製品や自社キャンペーンなどに関する情報は投稿しない。
- 無関係の人間を装って自社の商品、サービスなどの売り込みはしない。

★One Point !★

SNSの代表的なものには、「Facebook」（フェイスブック）、短いつぶやきを投稿する「Twitter」（ツイッター）、写真を投稿する「Instagram」（インスタグラム）、ビジネス・職業上のつながりで共有する「LinkedIn」（リンクトイン）などがある。

スマートフォンで社外秘情報は話さない

スマートフォンや携帯電話は、ビジネスパーソンにとっては、なくてはならないツールだ。しかし、便利な反面、マナー違反やビジネス上の不都合が生じる場合もある。ビジネスで使うときは、ルールを守って使うようにしよう。

取引先を訪問中や社内会議中に着信音が鳴るのはマナー違反だ。**電源をオフにするか、マナーモード**にしておこう。移動中の乗り物の中や飲食店などの公共の場でも同様だ。もし、着信があった場合は、今は話せない旨を伝え、かけ直すようにしよう。

また、外出時の電話は声が大きくなりがちだ。**会社名などを出したり、重要事項や取引先に関する内容についてはできるだけ話さない**こと。いつどこでライバル会社が聞いているかわからない。どうしても必要な場合は、周囲に人がいないことを確認して、できるだけ小さな声で話すようにしよう。ただし、機密事項の打ち合わせや金額の交渉は避けること。

ここがポイント! スマートフォンはマナーを守って使う

▼会社支給のスマートフォンを使う場合

- 取引先や公共の場所では、電源オフか、マナーモードにする。
- 打ち合わせや会議中は電話に出ない。
- 電話に出るときは会社名から先に名乗る。
- プライベートな用件には使用しない。
- 社員の電話番号は第三者に教えない。
- 勝手にアプリをインストールしない。
- 業務に関係のないウェブサイトは閲覧しない。
- 業務に関係のないものを撮影しない。

▼外出先での連絡

- かける時間を考慮する。始業直後、昼休み、就業直前は避ける。
- スマートフォンや携帯電話から掛けていることを断る。
- メールはパソコンから送るのが基本。スマートフォンや携帯からメールを送る場合は、その旨明記する。
- 歩きながら話したり、必要以上に大きな声で話したりしない。
- 移動中の騒がしい場所で連絡をもらったときは、断りを入れて、あとからかけ直す。
- 込み入った商談、機密事項の打ち合わせ、金額の交渉などは避ける。

▼プライベートのスマートフォンの注意点

- 仕事中に私用メールはしない。
- 勤務中の私用電話は避ける。やむを得ない場合は、オフィスから出て話す。
- 社内では電源をオフにするか、マナーモードにしておく。

セキュリティ

095

スマートフォン紛失による情報漏えいに気を付ける

スマートフォンには、電話番号やメールアドレス、ウェブブラウザーに記録された各種サービスのIDやパスワードなど、重要なデータが数多く保存されている。万が一紛失してしまったときに、これらの情報が流出してしまうと大変だ。

持ち歩くことが前提のスマートフォンは、パソコンに比べて盗難・紛失などのリスクが高い。盗難や紛失に備えて、**画面ロック**を設定する（214ページ参照）、**SIMカードロック**を設定する、ウェブブラウザーに**パスワードを保存させない**設定にする（202ページ参照）などの対策を行っておこう。なお、SIMカードとは、スマートフォンに入っているICカードのことで、ロックすることで無断での通信を防ぐことができる。

また、第三者に不正操作されないように、リモートからロックしたり、データをリモートから消去したりする機能を備えたセキュリティアプリをインストールすることも検討しよう。

ここがポイント! 紛失に備えてデータ保護を徹底する

▼盗難・紛失に備えた対策

- 不正使用を防止するために画面ロックを設定する。
- 無断での通信を防ぐためにSIMカードロックを設定する。
- ウェブサイトへのパスワードをウェブブラウザーに保存させないようにする。
- 盗難、紛失に備えたセキュリティアプリをインストールする。

▼盗難・紛失したときの対策

- 携帯電話会社の盗難、紛失時のサポートに電話して各種手続きを行う。
- 利用中の各種サービスのID・パスワードを変更するか、サービスを停止あるいは解約する。

▼Androidの端末でSIMカードロックを設定する

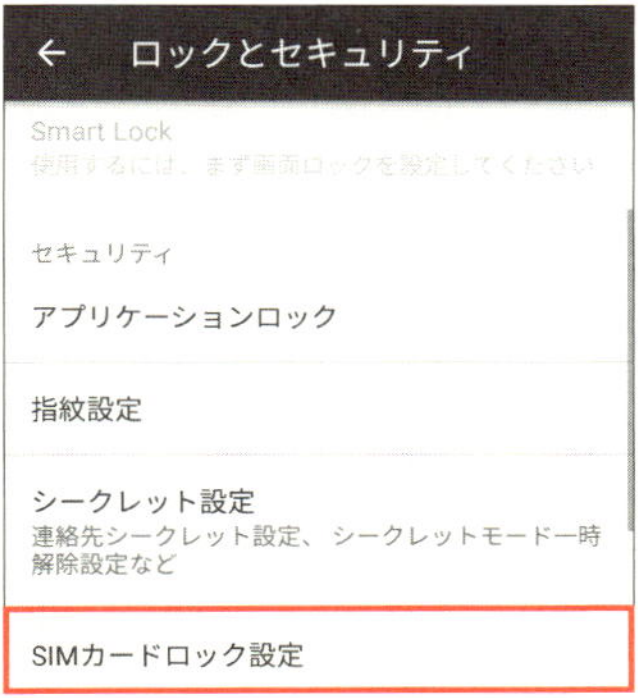

メニューから「設定」→「ロックとセキュリティ」→「SIMカードロック設定」の順にタップして、PINコード(暗証番号)を入力する(手順は機種やOSのバージョンによって異なる)。

セキュリティ

096

スマートフォンには必ずロックをかける

　スマートフォンには、さまざまな個人情報が保存されている。万が一盗難や紛失で悪意のある第三者に利用されると、重要な情報が漏えいしてしまう危険性がある。盗難にあったり、紛失したりしたときに、他人がスマートフォンを操作できないように、**画面ロックを設定**しておこう。

　画面ロックを設定すると、一定時間操作しないでいると、自動的にロックがかかるようになる。ロックを解除するには、設定したパスワードやパスコードを入力する必要があるため、**第三者の不正利用を防ぐ**ことができる。

　画面ロックの設定方法は、Ａｎｄｒｏｉｄ端末とｉＰｈｏｎｅで異なる。Ａｎｄｒｏｉｄ端末では、メニューから「設定」→「ロックとセキュリティ」→「画面ロック」の順にタップする。ｉＰｈｏｎｅでは、「設定」→「Ｔｏｕｃｈ ＩＤとパスコード」→「パスコードをオンにする」の順にタップして、パスコードを入力する。

ここがポイント!

画面ロックを設定する

1 メニューから「設定」をタップして、「ロックとセキュリティ」をタップする（Androidの場合）❶。

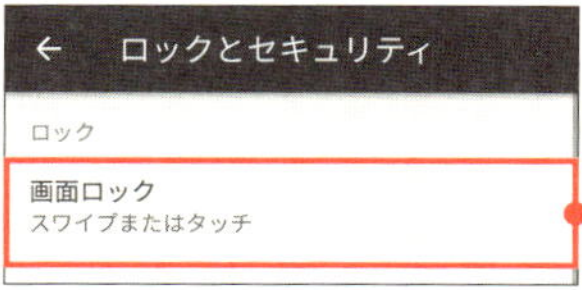

2 「画面ロック」をタップする❶。

3 パターン、ロックNo.、パスワードなど、複数の画面ロック方式が表示される。いずれかをタップして、画面に沿って操作する（手順は機種やOSのバージョンによって異なる）。

単語登録おすすめ文言集

▼冒頭で使う言葉やあいさつ

株式会社

ご担当者様

○○社の△△でございます。

お世話になっております。

いつもお世話になっております。

ご連絡ありがとうございます。

ご連絡いただきありがとうございます。

さっそくのご返事ありがとうございます。

ご無沙汰しております。

お世話になりました。

ありがとうございます。

本日はご足労いただき、ありがとうございました。

おはようございます。

お疲れさまです。

ご報告いたします。

表題の件につきまして、

時下ますますご清栄のこととお慶び申し上げます。平素より格別のお引き立てを賜り、厚くお礼申し上げます。

貴社ますますご清栄のこととお慶び申し上げます。平素は格別のご愛顧を賜り、厚く御礼申し上げます。

貴社におかれましてはますますご清栄のこととお慶び申し上げます。平素はひとかたならぬご厚情にあずかり、厚く御礼申し上げます。

＊「ご清栄」の言い換え例：ご盛栄、ご清祥、ご繁栄、ご発展、ご隆盛、ご健勝

▼結びのあいさつ

よろしくお願いいたします。

どうぞよろしくお願いいたします。

何卒よろしくお願い申し上げます。

今後ともどうぞよろしくお願いいたします。

今後とも何卒よろしくお願い申し上げます。

ご査収ください。

ご査収のほどよろしくお願い申し上げます。

ご確認くださいますようお願いいたします。

ご返信くださいますようお願いいたします。

折り返し、ご一報賜りたくお願い申し上げます。

まずは取り急ぎご連絡申し上げます。

取り急ぎ用件のみにて失礼いたします。

まずは、用件のみにて失礼いたします。

とくに問題なければ、ご返信には及びません。

失礼いたしました。

申し訳ございません。

お詫び申し上げます。

今後ともお引き立てのほど、よろしくお願い申し上げます。

まずは略儀ながら、書中をもちましてお願い申し上げます。

お忙しいところお手数をおかけいたしますが、よろしくお願いいたします。

今後ともご指導、ご鞭撻を賜りますよう、よろしくお願い申し上げます。

貴社のますますのご発展を心よりお祈り申し上げます。

時節柄、くれぐれもお体お気を付けください。

ビジネスメールよくあるフレーズ集

▼書き出しのあいさつ

一般的なあいさつ
お世話になっております。
いつもお世話になります。
いつも大変お世話になっております。
いつもありがとうございます。
いつもご利用ありがとうございます。
いつもお引き立ていただき誠にありがとうございます。
いつも弊社サービスをご利用いただきありがとうございます。
毎度お引き立ていただきありがとうございます。

初めての相手に使うあいさつ
はじめまして。
はじめてご連絡いたします。
はじめてご連絡差し上げます。
はじめてメールを差し上げます。
このたびはお世話になります。
突然のご連絡失礼いたします。
突然のメールで失礼いたします。
突然のメールで誠に申し訳ありません。
お忙しいところ、突然のメールをお許しください。
○○を拝見してご連絡させていただきました。
○○様からご紹介いただき、ご連絡いたしました。

返信・連絡に使うあいさつ

ご連絡ありがとうございます。

ご連絡いただきありがとうございます。

さっそくのご連絡ありがとうございます。

さっそくのご返事ありがとうございました。

ご多忙のところ、さっそくメールをいただき、ありがとうございます。

たびたびのご連絡申し訳ございません。

何度も申し訳ございません。

立て続けのご連絡で失礼いたします。

ご連絡が遅くなり、大変申し訳ありません。

先日はありがとうございました。

先日は貴重なお時間を頂きありがとうございました。

その節は大変お世話になりありがとうございました。

メールを拝見いたしました。

ご不在でしたので、メールにてご連絡いたします。

先ほどはお電話をありがとうございました。

お久しぶりです。

ご無沙汰しております。

ご無沙汰しておりますが、お変わりなくお過ごしのことと存じます。

依頼・お願いする際に使うあいさつ

○○の件についてご相談させてください。

○○の件で、ぜひご相談したくメールを差し上げました。

本日は、○○についてお願いしたくご連絡差し上げました。

本日は、○○のご確認の件でご連絡いたしました。

○○についてお詫びを申し上げたく、ご連絡させていただきました。

▼結びのあいさつ

一般的なあいさつ

よろしくお願いいたします。

どうぞよろしくお願いいたします。

今後ともよろしくお願いいたします。

それでは、今後ともよろしくお願いいたします。

今後もお付き合いよろしくお願いします。

引き続きよろしくお願いいたします。

確認・検討・打診のあいさつ

ご協力のほど、よろしくお願いいたします。

ご協力いただけますよう、お願い申し上げます。

ご理解ご協力のほど、よろしくお願いいたします。

ご対応いただけますよう、お願い申し上げます。

ご確認のほど、よろしくお願いいたします。

お忙しいところ誠に恐縮ですが、どうぞよろしくお願いいたします。

誠に勝手なお願いでございますが、よろしくお願いいたします。

早急にご対応いただきますようお願いいたします。

ご検討ください。

ご検討くださいますようお願い申し上げます。

ご検討のほど、よろしくお願いいたします。

お目通しいただきたくお願い申し上げます。

ご一読のほどお願いいたします。

ご多用のところ恐縮ですが、ご協力いただければ幸いです。

急なお願いで大変恐縮ですが、ご協力よろしくお願いいたします。

連絡・返事を要望するあいさつ

ご連絡お願いします。

ご連絡お待ちしています。

ご連絡をお待ち申し上げます。

ご連絡をお待ち申し上げております。

ご連絡いただけますと幸いです。

ご連絡いただきますようお願い申し上げます。

お返事いただけると幸いです。

ご教示願えれば幸いです。

状況をお知らせ頂ければ幸いです。

略式のあいさつ

取り急ぎお返事／ご連絡／ご報告／お礼まで。

取り急ぎお知らせいたします。

取り急ぎご連絡申し上げます。

それでは失礼いたします。

メールにて失礼いたします。

まずはご報告／お知らせまで。

まずは取り急ぎお礼申し上げます。

まずは用件のみにて失礼いたします。

まずは取り急ぎお願いまで。

お詫び・断りのあいさつ

お詫び申し上げます。

今後、二度とこのようなことのないように厳重に注意いたします。

ご期待に沿えず申し訳ありませんでした。

大変申し訳ございませんが、お引き受けいたしかねます。

索引

お問い合わせについて

本書に関するご質問については、本書に記載されている内容に関するもののみとさせていただきます。本書の内容と関係のないご質問につきましては、一切お答えできませんので、あらかじめご了承ください。また、電話でのご質問は受け付けておりませんので、必ずFAXか書面にて下記までお送りください。

なお、ご質問の際には、必ず以下の項目を明記していただきますようお願いいたします。

1 お名前
2 返信先の住所またはFAX番号
3 書名（今すぐ使えるかんたん文庫
　　　会社のパソコン仕事術
　　　マナー＆最新常識 100）
4 本書の該当ページ
5 ご使用のOSとソフトウェアのバージョン
6 ご質問内容

なお、お送りいただいたご質問には、できる限り迅速にお答えできるよう努力いたしておりますが、場合によってはお答えするまでに時間がかかることがあります。また、回答の期日をご指定なさっても、ご希望にお応えできるとは限りません。あらかじめご了承くださいますよう、お願いいたします。

ご質問の際に記載いただきました個人情報は、回答後速やかに破棄させていただきます。

問い合わせ先

〒162-0846
東京都新宿区市谷左内町21-13
株式会社技術評論社　書籍編集部
「今すぐ使えるかんたん文庫
　会社のパソコン仕事術
　マナー＆最新常識 100」質問係
FAX番号　03-3513-6167

URL：http://book.gihyo.jp

■ お問い合わせの例

FAX

1 お名前
技術　太郎

2 返信先の住所またはFAX番号
03-XXXX-XXXX

3 書名
今すぐ使えるかんたん文庫
会社のパソコン仕事術
マナー＆最新常識 100

4 本書の該当ページ
136ページ

5 ご使用のOSとソフトウェアのバージョン
Windows 10 Home
Office 2016

6 ご質問内容
文字を中央揃えにできない

今《いま》すぐ使《つか》えるかんたん文庫《ぶんこ》
会社《かいしゃ》のパソコン仕事術《しごとじゅつ》
マナー&《アンド》最新常識《さいしんじょうしき》 100

2018年2月15日　初版　第1刷発行

著　者●AYURA《アユラ》
発行者●片岡 巌
発行所●株式会社技術評論社
　　　　東京都新宿区市谷左内町21-13
　　　　電話　03-3513-6150　販売促進部
　　　　　　　03-3513-6160　書籍編集部
装丁●菊池 祐（株式会社ライラック）
カバーイラスト●にわゆり
本文デザイン●株式会社ライラック
編集／DTP●AYURA
担当●石井 智洋
製本／印刷●株式会社加藤文明社

定価はカバーに表示してあります。

ISBN978-4-7741-9565-0 C3055
Printed in Japan